西樵歷史文化文獻叢書

桑園圍總志（四）

（清）明之綱　纂
（清）盧維球　修

廣西師范大學出版社
GUANGXI NORMAL UNIVERSITY PRESS
·桂林·

桑園圍甲辰歲修志序

事無鉅細惟功則傳非欲炫其功也蓋一事也而天時之變異在其中人事之經畫在其中工力之艱難瑣屑亦在其中迨乎厥功告成身其事者幸風雨無虞而綢繆匪易遂欲條舉端緒以質來世南海桑園圍亘百餘里待衞田廬者數十萬家甲辰夏雨漲堤决田與水俱予爲之請欵籌貲率都人士鳩工畚築塡蛺窟峻虹基培蟻漏久乃保障一新而田疇復舊予既記之刋諸石矣今春何子子彬手志一卷請序於予自始事以迄竣工綱舉目張如指諸掌俾繼此者有所遵循而不廢厥志尚已嘗謂唐休璟能知河防酈道元作水經注乃心

民瘼卓哉古人諸君子力挽波靡砥柱中流他日建防秋之策普利羣生其時尚有待其事顧異人任耶而予竊有幸焉自黑蜧肆虐以來予徧歷鄉陬親瞻疾苦波濤漰湃時縈寤寐茲乃承乏廣熙行且往矣緬乎堤柳毿毿艮苗一碧未嘗不撫摩憑眺流連不忍去獲此一卷藏諸篋笥暇復展閱而某水某山神與俱往更不啻與諸君子口講手畫時也此又欲擱管而躍然心喜者也爰綴數語於簡端云

道光二十七年丁未季春羅定直隸州知州前知南海縣事史樸序

桑園圍甲辰歲修志序

嘗讀相國阮公元桑園基圍一碑，未嘗不歎其措置之允當也。始則倡捐集事，繼則籌欵歲修，嗣因伍氏盧氏捐建石隄，議者遂以爲一勞永逸，而歲修之欵改爲報部備撥矣，繼又改充捕盜經費矣。記曰：有其舉之，莫敢廢也。胡迺弁髦前事而安竟忘危耶？予於丙午冬蒞任南武，前任　史侯重以培護桑園基圍相屬，繼則接見彼中紳士，詢悉端委，得觀所輯甲辰大修志三卷，益歎其經理之艱而有備無患也。予謂率衆鳩工，不難於勤以集事，而尤貴公以服人。桑園一圍，界聯南順，計畝起科，宕延攻訐，何紛紛也，是當扼其要領，祛其蔽痼，公爾

忘私其爲今之第一吃緊者乎首事何君等以序言相
誣諉守土之吏責無他讓以今日言之堤堅且固矣而
患起忽微計須經久予當與諸君子交勉而力持之以
期洪流順軌永奠苞桑無愧經始之前賢而可作後來
之準則也是爲序旹
道光二十七年歲次丁未仲夏之月
賜進士出身知南海縣事山左張繼鄒譔

桑園圍甲辰歲修志目錄

撥欵 義士捐築水基事附
起科
修築
培護
基段
渠竇
粵東省例 同治庚午採入

凡例

一修築圍基工費浩繁先事之圖莫要於籌欵而我桑園圍修築經費除支領歲修銀兩外惟有捐派一途爲永遠遵行之法查舊志只附見於奏稿中今分爲撥欵起科二門將經行成案詳細分彙編入庶閱者一目瞭如

一自癸巳總修圍志已案照甲寅癸未等舊志將全圍繪圖註說茲無容再述惟此次修築林村缺口工役最鉅而半跨半圈之法亦當詳細紀述使後日有稽故附見其圖於修築門中而其餘從畧

一本圍自乾隆五十九年甲寅大修以後皆通圍均派

按畝起科南七順三向無翻異故將各堡額銀若干收繳若干悉行詳載而太平沙希圖免派一案亦附入焉

一興工伊始例由地方官暨總局紳士公同估價該管業主領同修築如額銀浮於估價仍須繳銀估價浮於額銀仍須補價向有舊章而各堡聚訟紛如復多希冀故於修築一門詳載基段之險夷估值之多少而李麗林等停工勒補一案悉附於篇

一缺口既已興修單弱亦宜培護而鉅工既竣各堡尾欠又復拖延蟻穴潰隄能無悚懼故立培護一門詳載基段險要頂衝處所宜落石若干價銀若干

而各堡尾欠宜亟繳爲落石之用者亦附載焉
一癸巳圍志於圖說門已將各堡經管基段丈尺詳載而此次潘卓全等仍復以誆造新志改易基段爲言希圖卸管故於書内仍立基段一門詳載此案使後人無從翻異焉
一癸巳圍志只據甲寅志纂修於各堡村鄉下僅載竇閘有無而已而於疏濬修築章程一切遺漏每當興工領費異議煩興因别立竇閘一門搜採經行成案詳細紀述庶日後有成法可守
一此次修志只載甲辰修築章程其甲辰以前具有成書無容更贅而亦有事關要工而前書失於採取

者間亦補入各門之内以免疎漏

桑園圍甲辰通修志

撥欵 義士捐築水基事附

按修築之役工鉅費繁宜先籌欵而我桑園圍自甲寅大修以後大抵皆按照各堡條銀多少派定應出額銀或從富戶捐輸或由民田科派各隨其便如是而已然田經淹浸民力彌艱勸捐則人苦逡巡照派則勢多延宕欲卒興版築其道無由貽誤基工靡不緣此自嘉慶二十二年 前兩廣總督阮 廣東巡撫陳 奏准借帑八萬兩發當生息每年以五千兩歸還原本以四千六百兩留備歲修俟清還本銀之後其

五千兩留爲通省籌備隄岸之費其四千六百兩仍爲本圍歲修之資歷年領支具有成案自嘉慶二十四年經盧伍二商捐銀十萬兩將本圍險要處改建石隄可無連歲崩缺之虞因將此項息銀暫行停支而許別圍借動事竣仍分年徵還留貯司庫以爲桑園圍歲修本欵故道光十三年三丫基再遭崩缺前後借動庫銀四萬餘兩經　前兩廣總督盧　奏准將一萬六千餘兩從本圍應得歲修息銀開銷餘二萬三千兩於自後每歲應得歲修銀扣抵是以全圍克葦民慶更生茲者甲辰五月夏潦非常冲缺

林村等各基至拾餘處闔圍紳民籲請撥欵興修後蒙　藩憲傅　撫憲黃於給領各官捐廉八千兩外撥給歲修銀壹萬兩趕緊開局興築以濟要工而後各堡科派之銀乃得陸續湊收以竣厥事是知歲修一項眞我桑園圍四百里内南順兩邑之命脈而前後列憲軫念民依凡所以出之波濤之中登之衽席之上者恩至渥謀至周也謹將前後稟稿文移詳加編輯以示來兹云

稟列憲籌撥欵項公呈　南海縣桑園圍舉人馮日初明倫潘漸逵冼文煥何子彬李謙揚潘䕫生黃亨陳韶

崔藻球崔維亮譚璐梁作楫梁植生潘以翃鍾澄修朱
文彬明之綱朱堯勳朱次琦黎國琛關景泰余朝憲余
秩庸馮汝棻梁謙光程貴時陳榮李徵霨程師儉潘佐
堯梁懷文陳文瑞張清巖蔡詔李文照黃仁黃溥程師
道梁策書張錡崔茂齡劉宜秩黃之冕潘斯濂關肇基
武舉李應揚吳樂榮關定揚陳廷獻貢生陳上齡朱庭
森麥穎梁上清關鸞飛譚楷盧乘光蔡鳳華鄧翔趙允
顯郭傑潘芳潘爲霖崔丹生員譚彥光崔令儀盧維球
梁照垣李升黎芳張桂楣潘燦光潘斯湖潘沖漢陳開
運陳觀濤朱宗琦關森桂曾冲漢關昌言曾中立曾鑑
瀛何如驤何玉梅何德垣何如鏡何作垣何亨陳華澤

陳治同關瑞溶關俊英陳嘉言余暉梁觀光李應剛蘇應銓程翔萬郭天驥郭際清麥穗歧先瑞元陳鑑光麥翹張紹華梁載鉷麥湛清陳祖銓黎景湄譚顯龍胡積輝潘廣居潘縉儒潘志典潘文佩潘麟徵黎銘秋左垣鄧泉蔡瑜武生岑鳳揚黃灼英李鳳翔李芬陳瑛陳廷安程錦泉程國安職員老兆勝馮泰開監生梁炳中譚炳桂關靄彬何濂陳森陳持衡陳翰書耆民程颺蕃程饒蕃程必蕃關陞鄧仕同陳永泰梁建昌潘永盛馮世盛潘耀璣梁觀鳳梁萬同張裕賦余振剛　俱係南海順德兩縣人抱告馮陞　呈爲基工浩繁捐派無措聯請籌撥欵項及時修築以救糧命事切日初等桑園圍

界連南順兩邑分東西兩基東基捍禦北江水潦西基捍禦西江水潦共長一萬四千七百十二丈五尺圍內居民百餘萬端賴隄基保障最爲險要本年五月內西北兩江水勢逾常溢漫基面業戸搶救人力難施十三至十六等日一連沖決各處基段自百餘丈至數十丈淺深闊窄不等業蒙　仁台暨列憲委員親臨查勘撫卹歡聲載道并蒙　諭令附近業戸搶築水基以救晚禾是時闔圍方在巨浸之中無從措辦幸蒙義士捐銀五千兩始得分築水基不料六月三十日水潦復漲林村程姓基吉贊潘姓基再被沖決復行搶救此時五千之數已屬不敷且水基係從水面堵築沙土鬆浮基身

單薄不足以資捍衛兹潦退泥乾必須由實地築復大基與舊基高厚相等然後可臻完固况西基一帶自先登海舟鎮涌河清九江各堡當西潦頂衝近年無歁歲修基多危患今夏竭力搶救而沖決坍卸已多倘冬修不實誠恐貽害更深日初等悉心計度其崩缺者或圍築或跨築度地勢之情形或石工或土工論基身之險易其坍塌者薄處亟加厚鬆處亟加堅陡削處亟添石塊滲漏處亟春灰基至全隄之被漫溢者又概宜加高似此工程較從前爲尤大圍內紳民爲保糧命現在議捐議派以應鉅工惟是工愈鉅則費愈繁早禾既失收於前晚稻又補蒔不及桑株魚塘均被淹浸大災之

後民力彌艱再三思維萬難籌策溯道光十三年本圍三丫基各處沖決蒙　前大憲奏明在桑園圍歲修本欵開銷息銀三萬九千二百六十九兩零除外遞年存貯息銀未經請領只得聯懇　憲恩親臨履勘籌撥欵項給領俾得請定章程刻日興修庶決基賴補危基賴安闔圍頂祝切　赴

甲辰林村吉水竇等基決衆方集　河神廟籌費築水基以救晚禾忽有不識姓名二人突入問築水基所需幾何衆荅以五千兩問交付何人値事告以居址越數日卽有人先後駕槳船賫白金五千兩至題曰處默堂問施者姓名不荅而去遂興築水基晚造

獲收顧未識何人之惠只懸至德無名扁於廟內識
不忘而已此眞所謂陰德耳鳴者矣
史邑侯請列憲籌欵稟　敬稟者竊卑職自初五日稟
辭出省後連日履勘江浦黄鼎九江三屬被沖各圍基
飭令紳士業戶人等趕緊集費興修以防春潦內大欄
桑園等數圍民力實在拮据卑職酌量工程之大小戶
口之多寡與鄉村之貧富分別賞給捐項以資補助俔
共計用銀壹萬貳千有奇該紳民等仰荷恩施無不
感激踴躍具限興工以期仰副大人保衛民生至意
惟桑園一圍所有林村吉水等處決口惟賞給修費可
望興築然該圍患處甚多關係甚重非通圍大修不足

以資捍衛卑職傳集各紳士等諭以逼派合修僉稱工程浩大即按田科派亦難集事惟求轉懇憲恩代爲籌欵以資民力而濟要工卑職目擊情形雖不能大加所望似不得不代其籌畫以爲未雨綢繆之計第捐項止有此數而該圍歲修本欵又所存無幾應如何辦理之處容俟面禀一切請示遵行卑職擬於十七日前往三江金利兩屬查勘計期十九日方可回省除將帮賞修費銀兩俟勘畢另行詳報外合將現在勘辦情形先禀憲臺察核再晚造惟大栅桑園等圍歉收其餘尙屬豐稔刻下各鄉米價平減民情甚屬安貼知關慈廑合併禀聞肅此具禀恭請鈞安伏祈崇鑒

卑職樸謹稟

聯請撥給歲修銀兩公呈　敬稟者竊舉人等桑園圍界連南順兩邑週圍四百餘里民戶數十萬稅畝一千數百頃東西隄基共長一萬四千七百餘丈當西北兩江之衝歲遇夏潦漲發一有沖決闔圍糧命害不勝言

嘉慶二十三年圍內紳民稟奉　前督憲阮　撫憲陳合奏蒙

恩准借帑八萬兩發南順兩縣當商計本生息歲得息銀九千六百兩以五千兩歸還帑本以四千六百兩爲桑園圍遞年歲修專款經於二十四年請款銀四千六百兩爲是年歲修之用嗣因盧伍二紳捐銀添建石隄

奏將歲修銀暫行停止其帑本仍照舊生息俟日久基

有損壞再行核給等因遵照在案道光十三年本圍三
丫基各處沖決蒙　前督憲盧先後撥銀四萬九千八
百餘兩爲大修之費內一萬六千餘兩就歲修本款開
銷內二萬三千兩就每年應得歲修四千六百兩分五
年扣還計至道光十八年已經扣足尚餘壹萬零六百
餘兩亦已歸該圍糧攤徵十九年至二十四年所有歲
修息銀未經請領本年五月六月兩次水漲東西隄基
疊被沖決　舉人　等雖欲議捐議派酌籌修築而大災之
後早晚田禾均已失收桑株魚塘俱被淹浸民窮力竭
實在拮据仰惟　憲天關心民瘼不忍一夫失所俯軫
兩縣災黎只得聯懇　仁恩乞於桑園圍存貯歲修息

銀撥給並於別欵再行籌撥以集要工俾得請定章程尅日興工且得藉修基圍以工代賑貧民有資生之便匪徒無竊發之虞不特隄基可以復完地方亦不無小補再今夏沖決坍卸處所係東基居多計約需銀貳萬餘兩方能築復而西基之大洛口禾叉基三丫基各頂衝處所或低陷或滲漏或隄坡浮削或石脚傾頽若不加高培固一有沖決爲患更甚計此項又約需工費銀貳萬餘兩合共應需銀四萬餘兩庶可一律築修以資鞏固除聯名具呈外理合另摺呈 電恭請 鈞誨施行

傅藩憲上撫憲請撥歲修銀兩禀稿

敬禀者竊照本年四五月間西北兩江潦水漲發經將各縣被水情形

並未成災分別撫恤無庸動項辦理緣由詳請具 稟
在案查各縣被水沖決圍基南海三水二縣較重高要
高明次之經 憲臺倡捐暨司道府縣捐廉撫恤並爲
築復決口之用惟南海之桑園圍界連南順環繞百有
餘里田園甚多最關緊要本年被沖決口較重築復需
費浩繁茲據南海縣史令稟稱查勘該圍本年被沖決
之外其低薄鬆浮之處甚多必須通圍一律加高培厚
方足以臻鞏固而資捍衛當集各紳士確實估計共需
三萬餘金方敷通圍修築除按田科派可得銀一萬四
千兩又現於官捐項內撥給銀八千兩外尚短銀壹萬
兩請於該圍歲修本款內籌撥銀壹萬兩以濟要工等

由本司伏查桑園圍生息一項起於嘉慶二十三年在藩道兩庫提撥銀八萬兩發交南順二邑典商生息每年得息銀九千六百兩以五千兩歸還原本以四千六百兩爲該園歲修之資嗣因盧伍二商捐築石隄後無庸歲修將歲收息銀歸入籌備隄岸項內報部備用其應歸原本銀兩於原本補足後亦入季報撥追於道光九年又將入季報撥銀五千兩改充捕盜經費是桑園圍生息一欵久已作部欵不能由別支用惟查道光十三年桑園圍被水沖決借領修費銀四萬九千八百八十四兩八錢八分三釐奉行稟明以一萬六千二百六十九兩八錢八分三釐動支該園歲修本欵息銀毋庸

歸還再以二萬三千兩將桑園圍每年應得歲修息銀
四千六百兩按年儘數扣收還欵免向業戶徵還尚餘
銀壹萬零六百壹十五兩分限五年按糧攤徵在案本
年該圍被決情形較重修費較多官捐之項既屬不敷
民力又難科派合無仰懇　憲恩俯准援照道光十三
年成案稟明動支該圍歲修息銀壹萬兩發給紳士將
通圍修築鞏固以資捍衛至本欵現收存銀三千八百
九十六兩不敷動支查有籌備隄岸一項可以借動銀
四千零四兩土墪水柵一項可以借動銀貳千一百兩
共足壹萬兩之數俟以後收有歲收息銀按年照數歸
補是否允協理合稟候察核

開工修築請先給歲修及委員勘估公呈　呈爲報明
築基日期懇　恩給領欵項並請勘定工程提速興修
事切桑園圍本年被水沖缺雲津堡林村基及簡村堡
九江堡沙頭堡龍江堡各決口亟需築復以防春潦而
西基一帶如三丫基禾乂基大洛口及東基韋馱廟橫
基頭皆係頂衝險要處所坍卸陷裂患基甚多均須一
律加高培厚方足以臻鞏固而資捍衞疉經　仁臺親
臨履勘洞悉情形承諭合力大修以期一勞永逸復蒙
念災歉之後民力維艱轉懇　大憲鴻恩准給修費銀
壹萬八千兩外着照例按畝稅科派銀一萬四千共銀
叁萬貳千兩爲大修之費仰見　憲慮周詳至優且渥

闔圍士庶無不踴躍歡呼兹已擇定本月二十一日亥
時祭基二十四日卯時興工修築惟一經開局動需應
支各堡科派額銀尚待催繳只得懇 恩迅撥修費具
領並請委勘估各堡基段核實共需工費若干以便遵
辦而免爭執趕趁冬晴水涸集工修築如經費不敷仍
懇 設法籌撥務期全圍堅固以副 仁臺暨 列憲
保護生民之至意除請定章程給示曉諭遵照外理合
呈明切赴

史邑侯催領歲修諭 諭董修桑園圍紳士馮日初明
倫潘漸逵何子彬等知悉案照本年桑園圍江浦屬之
土名林村鷺春社吉水竇及主簿屬之南頭圍等處基

段被潦沖決并該圍東西兩基多有坍卸陷裂處所業
經本縣親詣逐一勘明飭修嗣據該紳等議以通圍合
修呈請籌撥修費當將官紳捐題項內先行帮給銀八
千兩交該紳等領回興修并稟請籌撥該圍歲修生息
之欵現奉　大憲在於桑園圍生息本欵動撥銀壹萬
兩給發下縣轉給修築惟此次工程先據該紳等擬請
通圍大修估需經費銀三萬餘兩計通圍田畝科派可
得銀壹萬四千兩官紳捐項內帮給銀八千兩茲奉動
撥生息本欵銀壹萬兩共計經費已有三萬二千兩自
必足敷辦理除再出示曉諭及備移順德縣轉飭龍江
等堡將應派銀四千二百兩催交該紳等湊支外合就

諭知該紳等卽便赴縣請領生息銀兩務須仰體　列
憲念切民瘼恩施逾格趕緊購備物料雇集多夫秉公
認眞經理迅速趕築完固以資保護而垂永久尤宜工
歸實在項不虛縻一面將南屬業戸應派銀兩亦須踴
躍繳上免致延悞特諭

起科

案桑園圍基段各有分管每有沖缺興修皆業戶自行辦理故東圍不派西圍南順各不相派向例然也自乾隆甲寅隄缺李村工鉅費繁勢難獨任不得已籲請通圍佽助以濟要工時順邑溫太史在籍亦謂茲圍爲兩龍甘竹上流之保障使責李村自行修築勢必將就了事今日一方獨任其役他日必闔圍通受其殃遂合兩邑紳士議全圍大修呈請通融辦理估計基工需銀五萬餘兩奉　憲令兩邑一體捐輸南順各半續以南邑之額銀已經完繳而順邑應出

之項所繳殊屬寥寥奉　憲嚴催急如星火而總局値事梁廷光等謂此圍雖分屬兩邑究竟田畝基段南邑居多自願兩邑捐輸各半之銀南邑從其增順邑從其减兩邑會議僉以爲宜此南七順三之例所從始也嗣隄工告竣順邑紳士黎常功等恐南邑業戸卸管基工輒行通派呈請遵照舊章蒙　藩憲陳批此次沖決太多工程太大兩邑地相唇齒一例捐輸每歲修葺不得援以爲例此小修則責之業戸大修則均派通圍所自始也乃圍中紳士成見未忘多有南邑南修之說不知其不同圍者不獨同邑

不派及卽同司亦不派　其同圍者不獨異縣可派卽異府亦可派不當論縣之同不同當問圍崩之浸不浸而已傳曰同舟遇風胡越相救如左右手查南邑太平沙等在圍外者一律起科況順邑地居下游恃玆圍以爲固者乎所望破除畛域同守章程至於拖欠之銀嚴督催收俾隄工有賴是在當事者已謹將起科巔末悉列於左

請催繳南順各堡起科稟　具稟桑園圍舉人馮日初明倫何子彬潘漸逵稟爲延繳悞公乞　恩分別迅飭拘追以濟要工事緣桑園圍上年被水沖決東西基各

段蒙　恩籌撥歲息捐欵共銀壹萬八千兩南順十四堡不論有無基份照章捐派銀壹萬四千兩集資合修當經議允章程稟明在案詎自去冬興工以來所有各堡估修基費除將應派額銀扣留不足仍由總局墊銀添補外其餘單開各堡未繳額銀前經稟奉札諭催繳仍延未交竊惟以一萬四千七百餘丈之圍基僅得三萬二千兩之經費內中決口共長二百七十餘丈坍卸共長五百餘丈創築補築動費不貲此外衝險陷裂滲漏低薄處所共長一萬二千餘丈均應一律加高培厚計三萬二千之數尚恐不敷現當趕速竣工而各堡仍欠繳銀四千餘兩無憑支應若停工以待萬一雨潦疉

至貽悮非輕只得瀆叩　憲臺伏乞迅飭拘追並移順德縣飭令龍山堡等遵照單開額銀限日備繳毋任延悮俾要工有濟闔圍賴安切赴　老父師大人臺前恩准施行（計粘各堡欠繳額銀花戶名數冊一扣）

飭查太平沙外稅是否免科諭　南海正堂史　諭桑園圍首事馮日初明倫何子彬潘漸逵知悉現據區遂全等呈稱緣上年潦水鉠桑園圍基蒙　仁臺勸明捐修並諭各紳士在圍內稅畝按條起科通圍修築仰見

仁臺軫念民生至意惟蟻等十甲區國器戶住居太平沙界連三縣孤懸海中與桑園圍基相隔一大河戶內共條銀三十四兩三錢一分九釐內圍內田稅條銀

二十三兩六錢二分二釐業經遵照科收其圍外海中
沙稅條銀壹十兩零六錢九分七釐經乾隆甲寅年及
嘉慶二十三年起科修築圍基均蒙各前臺諭飭免派
太平沙外稅各在案卷存可查況蟻等居住沙頭潦水
當沖連年坍卸虛糧賠納屋宇倒塌苦不勝言茲各紳
士不照向例連蟻等外稅起科貽累奚堪勢得抄粘免
派諭帖匍叩台階伏乞諭飭總理紳士及先登堡紳士
梁懷文等查照向例免派並懇分諭冊房工典房糧房
查照嗣後遇有修築桑園圍基太平沙外稅毋庸派及
等情又據李中和等呈稱切圍基崩缺攤派銀兩修築
係派圍內與及貼連大河之田地非派圍外相隔大河

之沙坦不獨官存案卷各廟亦有豎碑歷久章程並無
更改蟻等李大成李棟兩戶稅業俱係坐落太平沙居
多雖有實征條銀五十餘兩除外海沙坦條銀四十餘
兩實圍內田地條銀壹十餘兩今年攤派之例加壹五
四二起科實應科銀三十餘兩其應科之銀曾經大局
總理馮日初等當面訂明准作蟻等領回修基外尚發
給銀四十一兩三錢六分五釐立單可據是蟻等圍內
田地捐派已足而外海沙坦亦已免派遵照而行奚有
異議不料復有江浦司諭帖來蟻族內且不分別外稅
免派字樣混沌催繳蟻等赴局查問着令蟻等稟明
仁憲只得抄粘舊案并繳清單具稟　憲階伏乞飭局

分別清楚應免則免應支則支等情除各批揭示外合就諭遵諭到該首事卽便查照區遂全及李中和等各呈內事理太平沙如果坐落桑園圍外向無派科修基工費卽照依向章辦理仍稟覆備案毋違特諭 道光二十五年三月十四日諭

飭查李和中外稅諭 正堂史 諭桑園圍董事舉人馮日初等知悉現據耆民李勝觀等呈稱蟻等住太平沙環圍大海並非貼連大基外明是孤懸海中凡有廬稅坐落沙中向無基工派累卽嘉慶二十二年首事悞以稅同李大有戶并執票有不分內外爲詞混派蟻等沙條三十四兩二錢零四釐迫蟻族老李萬元等繪圖

稟前閆縣批着總局羅思瑾等公覆奉諭外稅係指貼連大基而言非指相隔大河而論其太平沙毋庸派及案存工典房可查碑載河神廟可據不謂李大有之糧柱未賴飭知冊房撥開沙條故道光二十三年復悞混派　蟻經抄案稟前梁縣批飭隨蒙免派惟是沙條猶未撥開致今仍遭悞混派累何休亟得抄粘案據稟明
仁台乞照原案免派飭知冊房將李大有糧柱撥開沙條外稅註明糧冊如遇基工不致悞混派累等情據此除揭示外合就諭遵諭到該首事即便查照李勝觀等詞內事理太平沙如果坐落桑園圍外向無科派修基工費卽照向章辦理仍稟覆備案毋違特諭

飭查圍外十戶應否免科諭　正堂史　諭桑園圍董理紳士馮日初明倫何子彬潘漸逵知悉現據仙萊岡鄉區大器等稟稱蟻雲津堡三十七圖九甲共一十四戶其田園廬墓坐落本圍內惟蟻鄉區大器區兆麒區松盛三戶及新羅鄉潘進一戶蟻鄉三戶共實征條銀七兩九錢一分一釐應派奉　憲派開加五四一六四起科修基銀共壹十二兩一錢九分一釐四毫蟻等遵於本年正月初八日往赴基局清繳收單執照其新羅鄉潘進戶實征條銀一兩七錢九分四釐蟻等帶差向討各戶聲說各修各圍毋得越派任討莫繳等語蟻等忖思其田廬非在圍內修蟻本圍似難派及蟻等耕作

度日亦難不時帶差往討只得據實報明叩懇飭令修基總理紳士將蟻堡冊列外圍十戶開除免派等情據此除批揭示外合就諭知諭到諭紳士等卽便查明區大器等所稟外圍十戶田廬是否均在圍外應否免派卽照向章辦理毋違特諭道光二十五年四月二十三日諭

查明太平沙外稅稟覆 舉人馮日初等爲遵諭稟覆懇

恩察奪以昭公允事緣前奉 鈞諭內開現據老民李暢然區遂全李和中等各呈李大有戶區國器戶李大成李棟戶太平沙稅如果坐落桑園圍圍外向無科派修基工費卽照向章辦理仍稟復備案等因舉人等竊查合圍大修自乾隆甲寅年以來例照圍內戶口

按糧科派其戸內有無外稅俱係因糧定額繳足毋庸翻異先經去年十一月稟蒙
示遵在案隨據九江堡之古潭沙壽亭沙裹肚沙沙頭堡之盧家沙雖係孤懸海外均照向章一律科派淸繳並無異詞惟先登堡李暢然等太平沙欲以圍內戸口自分外稅無論有無影卸飛漏之弊而懷私背議已不足壓服衆心必欲確切查明應請諭飭李暢然區遂全李和中等繳驗該沙印契傳集鄰証委員逐一勘丈明白如果與報稅相符蒙
恩准免科派則九江堡沙頭堡之古潭等沙前經繳收銀兩亦應照數給回如應照九江等堡一例科派懇飭限日勒繳毋任推延方足以杜刁猾而昭公允茲奉

飭查除前經具揩呈明外理合據實稟覆仰憑察奪爲此切赴 道光廿五年四月廿八呈

查明外稅一體起科面呈揩畧 一合圍大修自乾隆甲寅年以來例照圍內戶口按糧捐派前奉 鈞諭內開現據先登堡區遂全李和中等稟稱太平沙外稅請免派及著查明稟覆等因竊查圍內如九江堡之壽亭沙古潭沙沙頭堡之盧家沙均係孤懸海外且盧家沙現已人業俱無而業廢糧存此次乃按戶額科派又各堡均有住居省城佛山及別堡等處是人業俱在圍外惟既有契買稅業經歸入該堡戶內輸糧即照糧攤收李和中等前經到局另請修基費銀欲除去外稅除銀

四十餘兩舉人等未便據一面之詞擅准免派隨以基工難緩該堡科銀急難收繳只得於三月二十八日借銀給修仍令立單歸欵乃李和中等輒敢於三月十五日以前瞞稱舉人等先已給發銀四十一兩三錢六分五釐憑空硬坐狡猾可知不思以祖宗田園廬墓之區必欲於一戸之中故分畛域雖較與全居圍內者輕重有別而懷私規避均屬全無本心舉人等照例辦公正不敢妄爲翻異但各堡均有外稅一免則必盡免不特一萬四千兩之數有名無實且恐各堡紛紛效尤藉端影卸并有將內稅附作外稅之弊如必勘查確鑿非弔驗印契集証勘丈不足以杜刁猾而服衆心似此事旣

難行轉恐滋擾况大修始需科派十數年偶一舉行在
區遂全李和中等當以祖宗廬墓爲心不宜以一已之
私致違通圍公議謹就所見瀆陳是否有當統候
訓示飭遵伏惟　電鑒

李和中等希圖免派稟　具稟人李和中李暢然區遂
全爲前着免派免繳印刷碑圖叩察准免事竊　蟻等住
居太平沙所以區國器李大有李大成李棟四戶均有
外海沙稅自來修築圍基乾隆甲寅年間已無派及碑
記可據是馮日初等所稟自乾隆甲寅年以來其戶内
有無外稅俱因糧定額繳足毋庸翻異者謬也上年修
基工費經　蟻等稟蒙諭免派在案不料現又奉有　憲

諭着令一律科派掃數完交始知係據馮日初等稟請照依九江古潭沙之例也不思九江古潭沙之應派以其稅雖在外而廬墓則在圍内蟻等太平沙之應免以其稅既在外而廬墓均在圍外桑園圍志載甚詳是以自甲寅至今年將滿百一向免派無有更改若可更改則非推之皆準行之無弊之善政矣只得抄粘稟由幷繳碑圖聯叩仁階伏乞弔齊舊卷核明諭飭免派俾免分歧以符舊日善政出自

憲批沾恩切赴　道光二十五年六月二十八日呈

批候飭承查案察奪碑圖粘抄附

李和中等劖註原碑希圖免派公稟

具稟桑園圍紳士馮日初何子彬明倫潘漸逵冼文煥黄亨潘夔生等

稟爲劃註原碑瞞稟抗派聯懇給示勒石押繳事切紳
等桑園圍前年甲辰大修其論糧科派者均係查照乾
隆甲寅嘉慶丁丑年例派修册房圍志纍無更異不謂
先登堡太平沙李暢然區遂全李和中等四戶屢行違
刁抗派瞞瀆不休甚至將河神廟碑私行劃註印呈作
據不知原碑所載係續估土工銀六十兩乃李暢然等
竟劃註云此係外稅詳准豁免憑空杜撰希圖瞞聽不
知文義字迹兩兩不符檢閱原碑難逃明鑑況查太平
沙雖孤懸海外要之祖祠墳墓均在圍中乃互鄉積習
民性刁頑其在外經營者則包攬獄訟在家耕作者則
嘯聚萑苻前經文武員弁圍捕燬拆窩穴十數家而東

竄西窩不越一洲之外且與河神廟距僅一河故久得以私劖原碑以圖永遠滋訟兹因圍志告成用敢聯叩

台堦伏乞飭房將前後案卷核實查辦並飭差拘李暢然區遂全李和中等到案嚴行訊究勒限清繳并懇

賜示勒石俾得刊入志乘以符舊例而儆刁頑合圍均

感切赴

大老爺臺前察奪施行　道光二十七年三月

張邑侯着太平沙外稅一律科派示　爲出示曉諭遵照事現據紳士馮日初何子彬明倫潘漸逵冼文煥黃亨潘夔生何培蘭關景泰余秩庸李應揚關昌言何玉梅潘期湖何如鏡潘廣居何文卓關瑞溶李升等稟稱紳等桑園圍前年甲辰大修其論糧科派者均係查照

乾隆甲寅嘉慶丁丑年例派修冊房圍志壘無更異不
謂先登堡太平沙區國器李大成李棟李大有四戸屢
行逞刁抗派瞞賣不休甚至將河神廟碑私行劖註印
呈作據不知原碑所載係續估土工銀六十兩乃李暢
然等竟劖註云此係外稅詳准豁免憑空杜撰希圖瞞
聽不知文義字迹兩兩不符檢閱原碑難逃明鑑再查
太平沙雖孤懸海外要之祖祠墳墓均在圍中自應照
派茲因圍志告成用敢聯懇飭房將前後案卷核實查
辦并差拘李暢然區遂全李和中等到案嚴行訊究勒
限清繳并懇給示勒石俾得刊入志乘以符舊例而儆
刁頑等情據此查桑園圍地兼南順兩邑亘長百有餘

里一有潰決全圍均受其害遇有闔圍大修按糧派費
自係一定章程事關大局豈容刁逞誘卸據稟前情除
批示并差飭李暢然等清繳外合行出示曉諭爲此示
諭先登堡衿耆業戶人等知悉爾等須知太平沙雖孤
懸海外其祖祠墳墓均在圍中嗣後遇有桑園圍大修
工程均應一律按糧科派修費倘有刁民飾詞抗派許
該董事等指名稟報以憑拘究該董事等亦應秉公查
照舊章辦理各宜凜遵毋違特示　道光二十七年八月日示

太平沙李暢然等再求免派稟　具稟人李暢然稟爲
旣免復翻乞　恩弔卷核明照舊免派事切　蟻等住居
太平沙孤懸海中與桑園圍相隔大河所有基工向無

關涉卽乾隆甲寅歲嘉慶丁丑舊例派修亦無派及因
嘉慶二十三年首事悞派業經李萬元等稟蒙　閫前
憲飭令總局羅思瑾舉人潘澄江等查明蟻等沙居委
係孤懸海外並非貼連基脚稟覆免派勒碑存據嗣道
光二十五年首事馮日初復請科派又經蟻等印碑繪
圖稟蒙　史前台以蟻等廬舍俱在海外　恩准免派
各在案殊馮日初不由舊章偏執祖祠之說反謂　憲
諭廟碑俱係私劖杜撰瞞呈科派致奉諭知不思蟻等
太平沙與桑園圍相隔大河居住二百餘年向無派及
而蟻沙潦崩科築亦與伊桑園圍無干何得因蟻等僅
有合族祖祠一間坐落圍内混呈科派且蟻等之外税

免派現有各　憲諭可憑案存工典何爲杜撰水神廟
碑之確鑿亦有十四堡註脚可據文字相符何爲私劖
乃蟻等沙居既被屢淹又被混派實屬一皮兩剝迫得
抄粘奔叩乞准弔卷核明照舊免派俾免滋訟沾恩切
赴
道光二十七年九月
批本案先據紳士馮日初等以太平沙雖在海外而爾
等祠墓均在圍中稟請一律照派查基工本關大局
且闔圍大修並非常有之事何得固執藐抗殊屬無
知着卽如數辦清毋再飭延干咎粘抄保狀附
史邑侯諭紳士勸捐札　正堂史　諭桑園圍董修紳
士馮日初何子彬明倫潘漸逵知悉案照該圍本年被

潦沖決林村鵞春社吉水竇及九江之南頭圍等基此外各堡經管基段多有坍卸損壞以致全圍被淹經蒙

列憲念切民瘼率屬捐廉撫卹及籌捐修費所謂至優且渥茲居冬令水涸亟應將大圍修復藉資保護復經　本縣親歷查勘分別撥給修費隨據該紳等以圍之西基濱臨大海本年坍卸裂陷患基甚多且皆險要擬請通圍大修以爲一勞永逸之計但工浩費繁非三萬餘金不克蕆事除官紳捐項及在圍内田畝科派外尚多不敷第該圍基地跨南順兩邑環繞百有餘里烟戶數萬全隄基段在在均關緊要倘僅修復決口祇可爲目前之計而難爲久遠之謀若通圍大修一律加高

培厚所需甚鉅如限以經費工程難期鞏固因思縣屬
官紳殷戶素稱急公好義而圍內衿民尤屬情關梓里
自宜一體踴躍捐輸以成善舉而資保障　本縣現經
通稟　各憲請以捐貲在三百兩以上者無論士庶分
別等次　奏請從優議敘以示獎勵除出示諭外合諭
勸捐諭到該紳等卽便遵照須知桑梓之誼患關切己
之憂務宜不分畛域親詣勸捐圍內圍外紳民富戶好
善樂施之家急公慷慨之士踴躍捐輸俾湊厥用而成
義舉樂捐者固得　恩獎之榮而基圍永獲安瀾之慶
惟在眾紳等交相勸勉切勿稍存瘓視是所厚望焉勉
之特諭

附錄甲寅起科成案　布政使司陳札廣州府南海順德縣知悉據吏南科書辦梁玉成稟爲敬陳管見仰冀鑒察事竊辦於三月下班回籍遵諭馳往圍基總局察看辦理情形因而捧讀大人批諭龍山紳士請免再捐石工銀兩一案奉批桑園圍內石工是否毋庸順邑加捐仰府飭縣傳訊當局首事秉公籌議具詳察奪等因書辦當同董事李昌燿等會計全圍砌築石工前經委員逐段勘估共需費銀九千六百兩列摺繳報在案所需工費先蒙大人暨本府本縣倡給銀四百兩本邑各紳擬請在於原派三萬一千七百餘兩之數加二捐銀六千三百四十兩嗣順邑王署令稟報於兩龍甘竹各鄉地

居下游休戚相同亦應照南邑事例一體捐銀三千兩復蒙大人諭令圍內鹽商應照當押捐襄之例捐銀二千五百兩續又有簡村堡義士陳俞徵亦樂助石工銀三百六十兩照數收齊似屬有盈無絀今查埠商梁廷光止係認捐銀一千五百兩而龍山一鄉已據呈請免捐則龍江甘竹兩鄉必有效尤觀望照原估工程合計尚短銀一千兩加以局中用度總需一千四百餘金方可尅期蕆事本邑各堡殷富無多自前年破水之後各戶收成歉薄上年雖已有八分然氣體究未能復完其力能捐僉者前次業已盡力捐僉此次又復添辦石費以強弩之餘勢難再助倘或儘收儘支將就了局則各

段工程必有偏重偏輕之不齊誠慮各堡退有後言殊不足以昭公當而服眾心昨經委員帶同董事來省備瀝情形稟明本縣府轉達憲聽蒙飭順邑各堡減半捐銀一千四百兩行知速繳在案今查甘竹一鄉已據照額繳交尚未解局惟龍江一鄉因見龍山呈內有桑園圍原係南邑地方南圍南修各分段落載在郡志向無派及鄰封之說以致觀望挨延未即交繳書辦伏查南圍南修向不派鄰封者此乃指歲修小費而言若大修在千兩以上則派之通圍歷年有案且此圍創自宋朝其時全圍俱隸南海前明景泰初年因黃蕭養滋事平靖之後始添建順德割兩龍甘竹三堡分隸江村馬甯

二巡檢其餘各堡仍隸南海之江浦司迨　國朝乾隆五十一年又添設九江主簿析九江沙頭大桐河清鎮涌五堡分隸管轄餘堡仍隸江浦司雖先後有沿革建置然總屬桑園全圍之內其兩龍甘竹之未建圍基者時以該地爲水道下游以故留爲宣洩然全賴上面之有圍基爲之捍衛伊等晏處圍内獲免歲修已屬厚幸是名分兩邑地實同圍伏思各堡之有基圍者如室家之有垣牆垣牆之内即屬一家亦猶圍基之内誼同一室水患一至俱受淪淹更豈能區分秦越今圍内南邑各堡亦分隸江浦主簿兩屬管轄腹裏無圍基經管之鄉村甚多遇有坍修又豈得藉名分隸區別畛域諉

爲鄰封又府屬三兩縣同圍者如南海三水之艮鑿大
艮白木灣大欖背四圍又豐樂一圍則三水高要四會
三邑同管誠以地土犬牙相錯然凡住居圍內者卽屬
同圍遇有修建鉅工無不同力合作處處皆然是其以
鄰封之說爲言甚屬紕繆弟誼屬桑梓不便遏爲剖辨
轉致鄰於攻訐應聽在局首事以理婉陳得其照數添
捐足以襄事自可毋庸他論矣再書辦復又溯查此隄
自前明洪武年間九江義士陳博民伏闕陳請通修以
來計今四百餘載其間載在郡志報決者不一而足迨
乾隆已亥甲寅甲辰僅止一十五載三次破決黎庶遭
殃莫此爲甚揆厥由來前明大修之後卽以附近之隄

歸之附隄各堡總理一堡之中分之各姓雖遞年議設歲修然基址有長短地勢有險易加以各堡貧富不一如在殷富之鄉値當平易之基歲中畧爲培築尚屬無患其在貧苦之户又値險要頂沖歷年竭力培補終屬無濟而告貸於衆又以各有經管不可破例畛域之見歷久難移此隄之所以疊受其害者皆由於此若非前此甲寅破決仰荷　大人親往勘災軫念兩邑百萬生靈盡遭慘害目覩全隄歷年已久壞爛實多且邇年下游淤積沙坦圍築日多水道不宣遇潦倍加湧漲非建議通修其禍終屬無底隨會順邑温内翰確商并飭傳兩邑紳士妥定章程共捐銀五萬兩西岸自南邑鵝埠

石起下至順邑甘竹灘止東岸自南邑仙萊鄉起下至順邑龍江河澎尾止俱一律塡築高厚均在兩邑所捐銀五萬兩開銷上年七月大功告竣復蒙履勘諭令隄外再加石工方能一勞永逸此誠數百年曠世之奇舉圍民得獲萬年之樂利凡有血氣者莫不頂戴殊恩於生生世世矣迴思此隄上自大人以至本府本縣無不欣捐清俸倡率外而當押鹽商義士亦各踴躍襄銀佽助卽派委在工之委員首事均能仰體憲懷妥協經理上下一心思艱圖易始得咸歌樂土可否仰懇憲恩飭令各紳知此番工程圖始維艱成功不易趁此未經撤局之先勤求善後之策未雨綢繆防蟻陋以固苞桑庶

不負大人建議修築章程宵旰焦勞誠使無一夫失所
之至意耳至前蒙履勘面諭最險之禾㕚基土工業於
三月底填築完固其次險之九江蠶姑廟沙頭韋馱廟
海舟三丫基現在稽委員連日督同各首事按段培護
石塊再次險之吉贊庄邊先登石龍鎭涌河清等處尚
俟各處銀兩齊全始能培護並請飭令廣州府連催各
堡未完銀兩勒限速清十日内卽可全工告竣緣奉批
行籌議事理書辦住居圍内繆抒己見理合稟候鑒核
施行連將各堡未完銀兩數目列單送閱等情到司據
此當批候行府飭催各堡未完銀兩迅速交局應工並
籌善後事宜詳奪在案合札飭遵札到該府縣立將單開

各堡未完銀兩專差頭役前往各堡按數飭催限三日
內掃數交局以應鉅工並即出示曉諭各堡紳民赴局
會同委員首事於東西兩岸隄外各沙洲坦地或有係
子母接生可以耕植或有係魚遊鶴立長草牧牛未經
承陞無碍水道溢坦並沿隄馬頭及魚蝦蜆埠可以批
租取息無妨民間蛋戶者聯籌善後章程由該縣府核
明擬議詳辦以爲通圍遞年修築圍基公用務使長隄
經久無患其圍內涌滘竇穴上年本司親臨履勘時聞
有被潦淤塞至今未經流濬者亦應飭令各紳民按照
地頭疏濬寬深以資灌溉以利行人本司實有厚望焉
速速

再稟覆太平沙應照一律科派公呈

呈爲遵諭查覆懇飭照派免紊向章事現奉　鈞諭內開飭查太平外沙孤懸海外其廬墓究竟有無全在圍中從前歷次大修該沙曾否一律科派修費刻卽查明稟覆核辦等因　紳等公同查確遡該圍乾隆甲寅年大修章程係在圍內各堡各戶糧稅派修無分內外稅畝應派免派之別誠以圍外之沙論徵輸則糧歸祖戶稽戶口則世在祖家按糧科派前人繩式本屬公當此後嘉慶二十二及道光十三等年大修均照向章辦理迨道光二十四年該圍大修首事馮日初等查照向辦章程按圍內各堡各戶糧稅科派如九江堡之古潭沙壽

亭沙裹肚沙沙頭堡之盧家等沙均係孤懸海外其糧稅仍編入圍內總戶照依一律起科並無異議乃太平沙業戶區成邦李暢然等吝出修費不顧先人廬墓欲亂數十年之成規遂以伊等先登堡區國器李大有李大成李棟李宗五戶糧稅自分太平沙外稅私將河神廟碑劖註外稅奉行詳免字樣混指爲免派証據無論其有以外稅影卸隱匿卽各戶外沙稅畝多係伊等祖嘗之業且祖祠墳墓俱在圍中自應一律起科方昭公允而免效尤況該圍志載有云外稅可除則當甲寅年派捐時自應除清今以五成起科係照原捐額數折半科派何得藉以爲詞等語是外稅之應派確有明文且

李暢然等所繳河神廟碑模查與志載先登堡收支項下並無外稅奉行詳免數字顯係該沙人等意存私見知有碑可以劖註而不知有誌不可混添卽核其劖註數字文理不符字跡亦異事之眞僞難逃　洞鑒只得公同查覆并繳圍志呈候　察核懇飭李大有等各戶按糧科繳免亂向章闔圍頂祝切赴　道光二十八年四月

正堂張批

查閱現呈與舉人馮日初等前稟相同桑園圍歷次大修工費既按圍內各堡各戶糧稅科派並無外沙免派章程自係公論可知豈容爭執惟前經差飭清繳並出示曉諭乃李暢然及區成邦等仍以免派爲

詞赴縣暨府糧憲紛紛呈控嘵瀆不休不知悔悟當即着令李區各姓房族衿老妥爲剴切勸諭仍令照舊派捐各自安業毋使纏訟取累切切

修築

修築之法如鳩工起土下石打樁及圈築跨築等一切具有前規然時異勢殊其章程亦有隨時添設者如修築水基皆該決口之業主自籌工費向來無異故道光十三年圍決海舟堡李應揚等借項修築水基欲派歸通圍一案至經互訟具載前書此次修築水基將義士帮助之銀五千兩分撥業主分毫不費較之前者大覺便宜故修築大基時議於估定修費内業主招墊貳成以專責成其餘如業主領費與修總局派人督理估定之價不得妄費求添起科之銀

不得借端扣抵悉照前章所望在事諸人矢慎矢公務求牢固各秉和衷以濟要務勿執私見而誤鉅工則全堤於以長鞏矣

估勘全圍大畧工費稟　桑園圍舉人馮日初明倫潘漸逵何子彬謹稟　老父師大人鈞座敬稟者舉人等奉　諭督修桑園圍基經於前月十六日稟明興工日期蒙先撥給捐欵銀八千兩領同開局辦理二十四日卽將林村決口圍築緣由繪圖注說稟明在案旋於二十五日至本月初二日隨同九江廳鄧　江浦司張　周歷全圍按照前經冊報各沖決坍卸陷裂滲漏低薄處所及龍江甘竹兩堡基段逐一分別勘估共需土工牛工椿灰等費

約銀二萬二千餘兩此係大概情形究未能詳盡或有患基再應添撥仍須隨時斟酌卽如林村決口處初擬圍築新基長七十八丈今須畧灣向裡以期堅穩計新築大基長八十八丈斷難估少不許用多亦非估多必要濫用總期工歸實着銀不虛糜現林村工程已得四分之一各堡應修基段舉人等亦經分派首事先由總局酌撥銀兩次第興工俟奉到　鈞諭飭催各應科派額銀迅速收繳並懇將歲修之銀一萬兩給領俾得陸續應支計期來春二月以前大工儘可告竣所有將來工費應否添補及基段長短丈尺餘餘買石多少一切總散數目容另核實開報免致前後參差理合先將勘

估全圍大畧工程稟候 訓示遵行恭請 台安統惟

照察謹稟

附錄請主簿會同估勘書

夙欽 雅望久切依馳昨聞 鎮下車未曾摳謁疎忽之罪諒惟 鑒原敬稟者本年桑園圍各堡基段多被潦水沖決蒙 列憲撥給銀兩并令按畝起科合圍大修 弟等於本月十六日面謁 邑候具領修費承諭東西基各決口坍卸患基處所就近稟請各地方 官會同勘估共需工費若干以便核辦等因自十八日由省河啓行十九日到林村基所開局二十日祭基興工二十四日隨司江浦司往勘簡村堡吉水竇各堡基段準擬二十五日到沙頭堡恭候 仁台於是日已刻下責桂香書院會同該堡紳士按照開報基段逐一勘估俾得繕冊稟覆實爲公便專此佈瀆恭請 升安伏惟 電照不莊

修基條欵

一大圍內各堡多有子圍如九江堡大洲圍大桐堡新慶圍白鶴圍沙頭堡中塘圍龍山堡北護圍凡屬內河子圍原與大圍迥別此次係合修大圍所

有子圍不得將起科公項扣留混支　一各堡竇閘例係該基主業戶自行修葺保固原杜私挖以專責成如祗應培修不得將起科公項動支　一決口遇須圍築如所壓係該管基主之業例不補回業價價一取土例係就近標挖除墳墓祠屋要路外可酌取者不得掯阻該督工人亦不許藉端撟難　一按畝科派照各堡畾甲條銀勻攤向例不得分內外稅俱係因糧定額繳足毋得翻異　一補築決口例應該管業主業戶酌出公費若干今擬每支公項銀一百兩該基主應報墊銀二十兩以遵舊章　一總理由官紳公推四位此次工程以林村爲最大卽在林村程氏宗祠開設總局辦事另

九江堡舉首事三位雲津百滘簡村沙頭龍江每堡舉首事二位鎭涌海舟先登河淸金甌大桐龍山甘竹每堡舉首事一位均請先到總局分派督辦以昭公愼如有徇私冒銷等弊聽衆辭退仍着該堡選充　一督辦廠分設七所就近祠宇借住另蓋小篷廠以督工作九江並甘竹爲一所派首事四位該堡選司事三名伙夫二名河淸鎭涌爲一所海舟先登爲一所簡村爲一所沙頭爲一所龍江爲一所吉贊公基爲一所每所派首事二位該堡選司事二名伙夫一名如地方遼遠再行添設其首事脩金該堡自送司事伙夫工金係公項報銷伙食銀兩則首事與司事等均一併開報　一各堡

照舉首事應共得二十一人因人擇地分派督查互相勾稽庶免虛假之弊計七所去十六位尚餘四位留在總局督辦各務如各堡紳士有心切梓誼不時到商辦一切更爲厚幸　一壘石如須價買經費有限勢必不敷然須先勘明某處應傍基腳及添堆水垻計應長闊用石若干分別開列多少仍請由各堡繪圖貼說繳局俾得洞悉無遺俟籌有石時照式堆傍以護基身　一各工多以圍內人承攬本年災歉之後以工代賑貧民亦可資生此係　縣憲慈恩體卹備至凡屬圍內人等各宜激發天良出力從事所有工價悉由妥議毋得爭貪　一坭工議以二十五人爲一號每號要攬頭一人

每工價銀八分五釐仍由該堡殷實人保認以專責成或挑坭或搬運或舂灰坭等項均聽督理指使所有鋤頭鋻鑿竹簝担竿繩篋及爨具柴草一切器用俱係工人自爲預備老弱年穉不得與列至胡混入隊不依指使者隨時斥革

一工人每號住寮鋪一間深濶約二丈每號給小牌二十六面各懸帶以便查點每日聽大廠五鼓後頭次鑼造飯二次鑼食飯三次鑼卽要開工中午鳴鑼食晏至晚鳴鑼收工日間督理不時稽查如有短少人數未經報明卽將該號斥革另招補充

一挑坭每担以八十斤爲率督理隨時稱較分別輕重勤壯奮力者當卽奬賞怠惰者盡號斥革

一各工每名

照每日工價支銀三份之二扣留三份之一五日一清如遇雨色自淸晨至中午爲半工自中午至酉刻爲半工或不及半工總以一日六時分別算給　一工人務宜安分力作如有偷竊賭博酗酒打架及毀壞篷寮等弊立卽送官懲究倘或私逃亦惟担保人是問決不姑徇各宜自愛可也　一跴練基牛以三隻爲一手一人帶牛跴練每日分上午下午兩班自淸晨至中午放牛爲上班作一日算自中午至酉刻爲下班作一日算所有帶牛工人飯食餵牛俱在價內　一承接跴基之牛務要肥壯及大者方取錄用老弱與牛牯子牛母一概不取　一帶牛之人務要聽督理指揮中間快鞭勻練

不得私行放水倘有此弊立即革退　一帶牛一手給小牌一面懸帶身上以便呼名查點每日聽大廠五鼓後頭次鑼造食二次鑼食飯三次鑼即要開工若中午放牛及酉刻放牛俱要聞鑼方許收班日間督理不時稽查倘有怠惰不肯將牛鞭打以至慢行者盡號斥革扣留之銀不許取回　一工價每牛每日支銀三份之二扣留三份之一五日一清倘遇雨色按一日六時分別算給

附錄祭基祝文　維道光二十四年冬十一月既望祭日甲申承祭官南海縣江浦司張韶九桑園圍紳士馮日初明倫潘漸逵何子彬等謹以剛鬣柔毛金豬菓品清酤香燭寶帛之儀敢昭告于　敕封南海廣利昭明龍王山川后土社稷諸神之前惟　神德納衆流尊承百谷渺三山而甯宅統萬壑以朝宗位奠離明職司

坎德澤國欽其効順陬澨仰其懷柔緣今年夏潦爲災致舊日長隄竟決水餘三版波及全圍杜少陵舍南舍比春水蓬門范文正巳溺巳饑闗心虀粥固巳悲凉滿目昏墊滔天者矣詎傳巖之版築垂成而瓠子之防秋復潰昭竟同於覆轍慘更酷於椎胸仰蒙列憲軫恤兼施沛不匱之鴻慈登斯民於衽席茲以冬晴水涸合力通修涓吉日以告虔遂大興其工作謂是民力普存薦其肥腯仰藉 神明呵護奠厥經營偕童律以俱行鎖支祁而譴怪從此隄成 偃月永期鞏固於苞桑海不揚波更奠全圍於磐石矣 神其來格鑒此積誠伏惟尚饗

附錄掩骼文

嗚呼無造不化無存不亡造化存亡各守其常汝家素貧小葬慳囊當時窀穸急就基旁奉上修圍川障瀾狂補苴罅漏汝骨暴揚茲仍掩骼斂魄善藏幽明盡通預悅且康魂其有靈捍衞村鄉魂其樹德保護麻桑祐汝嗣續綿汝蒸嘗野祭或缺薦附四方爰酬以酒爰飽以糧贈以寶帛貽以衣裳魂其來格陰豈疑陽人鬼各適上慰 穹蒼謹祝

南海彈壓告示

欽加同知銜南海縣正堂加十級紀錄十次史 爲出示曉諭遵照事現據桑園圍舉人馮

日初等呈稱切桑園圍本年被水沖決雲津堡林村基及簡村沙頭龍江各堡決口亟須築復以防春潦而西基一帶如三丫基禾义基大洛口及東基韋馱廟橫基頭皆係頂衝險要處所坍卸陷裂患基甚多均應一律加高培厚方臻鞏固而資捍衛迭蒙親勘洞悉情形承諭合圍大修以期一勞永逸復念灾歉之後民力維難轉懇　大憲准給修費銀一萬六千兩外耆照例按稅科派銀一萬四千兩湊銀三萬兩爲大修之費茲已擇定十一月二十一日祭基二十四日興工惟一經開局動需支應叩乞　迅撥修費等情據此除先發給修費銀八千兩交該紳等領回購料興工并委員彈壓外合

行出示曉諭爲此示諭桑園圍各堡紳業基主人等知悉立即查照後開章程分别遵照辦理毋得抗違阻碍基工致干咎戾至基工人等務須勤慎工作各安本分如敢怠惰偷安酗酒滋事許該紳業就近送赴各巡司嚴懲各宜凛遵毋違特示

江浦司彈壓告示　調署南海縣江浦司吳川縣硇洲司巡政廳張　爲札飭督修彈壓事現奉　本縣憲札開案照桑園圍本年被潦沖決林村鵝春社吉水竇及九江之南頭圍等基此外各堡經管基段多有坍卸陷裂處所疊經　本縣親歷查勘隨據該圍紳士馮日初等以圍之西基濱臨大海且坍卸裂陷甚多皆屬險要

擬請通圍大修以爲一勞永逸計但工程浩大非三萬
餘金不克蕆事當在官紳捐項内撥銀八千兩及稟請
大憲在於該圍本欵息銀籌撥八千兩外應在該圍
田畝科派銀一萬四千兩以奏厥用卽經面諭該紳等
按照起科定期興修去後茲據該紳士等稟稱伊等圍
基各決口及坍卸各處仰荷籌撥修費闔圍庶士無不
踴躍懽呼茲擇十一月二十一日祭基二十四日興工
修築懇請發給修費并請出示曉諭委員彈壓等情前
來除先發銀八千兩交該紳士馮日初等領回趕築外
仰廳立卽親詣該圍基督催修築常川巡查彈壓務令
各工人勤慎工作各安本分毋得偷惰竊物打架滋事

酗酒賭博及頑悍不聽呼喚倘敢故違立將該工人重責懲儆俾免貽悞基工仍將所修工程隨時申覆　本縣察核毋稍違延等因奉此除飭役嚴密巡查外合行出示曉諭爲此示諭該處基工人等知悉爾等務須各安本分勤慎工作毋得偷惰竊物酗酒打架滋事賭博及頑悍不聽呼喚倘敢故違立卽鎖拏從重責懲決不姑寬本廳准於十一月二十一日親詣祭基并在該處督修彈壓各宜凛遵毋違特示

圍築林村決口情形稟　桑園圍舉人馮日初明倫潘漸逵何子彬謹稟　老父師大人鈞座敬稟者舉人等於本月十七日領到撥修基費銀八千兩隨於十八日

啓行十九日到林村基所開局登卽傳習圍內諳練基工紳士人等悉心訪度當向該決口處所再三察看情形僉稱原基沖決成潭現探得水深尚有二丈餘一丈餘不等卽潭尾亦有七八尺之多若概從跨築不特工費鉅繁究恐泥淖浮鬆難期堅穩就擬圈築由水基南頭起至中段畧移向外其自中段至北頭如照原築水基未免棄業太多殊堪軫惜擬從淺水跨圈斜繞至塘角接合吉贊上渡馬頭共計圈築新基長七十八丈底濶八丈面濶一丈餘基身高二丈餘圈內兩脇均宜多堆蠻石以防潦水消長免受衝激似此足臻鞏固而資捍衛遵於二十一日祭基興工卽將原築水基盤拆以

淸基底趕速實力培築不敢稍有稽延致悞要工除隨同主簿江浦司前赴各堡勘估基段核實工費容俟續報外理合將林村基口圈築緣由繪圖貼說先行稟明以寬綺注肅此具稟恭請崇安馮日初等謹稟

桑園圍歲修志　卷十一

龍津五堡以工代派并量給修費諭　欽加同知銜南
海縣正堂史　諭桑園圍龍津堡岡頭涌浦南寨邊等
五鄉紳耆業戶人等知悉現據該圍董修紳士馮日初
潘漸逵面稟該五堡經管江浦司署前基長二百餘丈
又自署右起至沙頭分界基止長四百餘丈本年水溢
基面間有坍卸一隅未修恐累全圍惟乾隆甲寅年合
圍大修該處自願以工代費未有起科嗣經嘉慶二十
二年道光十三年均未派及遇有領項亦稍爲粘補據
該耆老鍾耀輝顔滿舉等到局稱說前情覆查屬實可
否量給修費抑仍飭五鄉自行科派湊銀興修之處出
自　恩示等情查圍基被決向由圍民自行科修今五

鄉經管基段間有坍卸工程無幾所需工費約估不過百四十金自應該處按章科派修培但被災之後民力不無拮据除面諭董修紳士馮日初等在於修基項內帮給銀八十兩正培修外合就諭遵諭到該岡頭等五鄉紳業人等卽便遵照卽到總局領取修費銀八十兩其餘不敷銀兩卽按章科派趕緊將該基坍卸低薄處所雇夫培補完好務宜一律堅固藉保無虞毋得草率稽延致悞通圍各宜稟遵特諭

催決口業戶繳招墊銀稟　具稟人督理仙萊局基務生員張桂楣等　稟爲逞刁抗　諭備繳無期叩乞差拘勒繳免誤工程事上年五月西潦湧漲桑園圍東西

兩基多被坍決奉　憲籌欵合修議被沖決處所估計工料銀多寡業戶招墊二成諭令備繳會同局撥銀兩一體應支吉贊鄉潘藻溪潘觀仲莫雍陸基段被沖決所二處估計工料銀三百零二兩八錢自應招墊二成銀六十兩零仙萊鄉區大器基段被沖決所二處估計工料銀三百零九兩自應招墊二成銀六十兩零疊經着令備繳會同局撥銀兩得以應支趕緊修復不料被決各基口工程過半局撥估計銀兩業已按數清交兩鄉自應招墊二成銀兩備繳無期不催則視若罔聞迫則抵觸彼怒　憲諭工程趕緊工費憑何支給迫得叩懇　台堦拘潘藻溪潘觀仲莫雍陸區大器等業戶到

案押令刻日將墊二成銀兩清繳俾得工程有賴則闔圍沾恩矣上赴　司老爺臺前恩准施行

催修龍坑基稟

具稟桑園圍舉人馮日初何子彬明倫潘漸逵爲全圍工竣一隅波累乞恩追繳押修以懲刁猾事竊舉人等奉修桑園圍基合計給領歲息捐欵及科派除收實得經費銀二萬八千餘兩所有勘估林村各決口及坍卸衝崩陷裂滲漏低薄處所共長一萬三千餘丈均係藉銀辦理間須添補亦必公同核給毋得濫支闔圍俱照公議章程修竣無異惟先登堡富監李麗林等經管龍坑基一段長僅一百九十六丈只須培葺舉人等先經給工費銀二百兩領修隨以該基工

程枉濫無當不得已復添補銀一百兩俾蕆厥事各堡
紳士僉稱該基給費已多如仍不敷應照各堡貼修例
責令該基主貼墊緣經費有限合圍之大如必盡厥所
欲恐十萬之數亦不敷用况先登堡已共支去修基費
銀九百三十餘兩而該堡應派額銀尚欠三百五十餘
兩之多本月初四日當經　憲台面諭飭差按催李麗
林等輒敢駁回不要派差又不遵諭限繳其放肆藐視
已屬顯然據稱該處尚有未修之基長一十九丈稟請
再添補銀一百餘兩其貪婪無恥尤爲可鄙以應繳之
銀故抗不繳以應修之基故延不修恃符抗衆希圖波
累如果遂其奸詐照數補給闔圍士庶實在憤不甘心

只得叩　台堦伏乞飭傳李麗林等到案勒令將應欠繳銀應修基段限日完竣俾刁猾知儆基工有賴合圍感恩爲此切赴　大老爺臺前恩旌施行

龍坑基求補銀修築稟　具稟監生李殿元職員李健林李麗林呈爲患基未獲全修聯懇憐察飭局趕修完好以免遺患事緣生等住居桑園圍龍坑坊派管西海當衝險要基一百九十六丈二尺上年西潦漲發坍卸五次共長五十二丈基身又多滲漏傳鑼通圍搶救五日夜費用銀二百餘兩始免崩潰前經稟明并將患基工程列冊呈繳在案嗣蒙　仁憲倡捐大修經總局紳士先委張紹華督理十二月十六興工用灰舂築坍卸

四處共用銀一百六十四兩一錢二分歲底停工廷至二月總局委潘佐芳兩次前來詳細按視悉將患基公心勘估據佐芳估值修費銀二百五十兩於二月二十八日復委潘佐芳帶來銀一百兩督理繼修用過銀三十六兩六錢一分只得又復停工現尚有水仙廟坍卸滲漏十九丈三角塘應須培護十七丈又基身陡立應築頂後牛尾茲經半年未獲續修忖思基之當衝險要非用石隄當前必須牛尾培後至滲漏弗克完修基身之患莫測盛潦之浸難防非預時堅修臨時決難捍衛且防夏潦猝至難以施工生等水災之後值搶救費用在先又坊內按糧科派之數加倍重修論丁挑土之工

財殫力竭苦不勝言今幸 仁憲巡視仰覩痌瘝在抱
撫恤窮黎只得瀝情聯叩 崇輿伏乞憐察普施全恩
迅飭局紳將生等患基趕緊一律修固以免遺患則不
獨生等沾 恩闔圍感戴切赴

批

現據董事紳士馮日初等具稟爾等經管龍坑基
長僅百九十六丈只須培修已先後給發工費銀三百
兩足敷修葺乃不趕緊培築完固尚敢混稟推諉而該
堡應派之項延欠尚多殊屬玩愒着速趕修催繳如再
延宕致悞通圍定將該職監等詳請革究

龍坑基再求補費稟 具稟監生李殿元職員李健林
呈爲全隄鞏固功虧一簣迫懇飭局全修以保糧命事

切生等住居桑園圍先登堡龍坑坊族小糧稀派管西海當衝險要基一百九十六丈二尺上年潦漲坍卸滲漏五次共長五十二丈傳鑼通圍帮救五日夜費銀貳百餘兩始免崩潰當經稟明并將患基工程列冊呈繳嗣蒙 仁憲痌瘝在抱撫恤窮黎倡捐大修通圍均沾厚澤總局紳士先令生員張紹華督理十二月十六日興工依總局章程用灰舂築坍卸四處用銀一百六十餘兩歲底停止延至本年二月又令值事潘佐芳兩次到基詳細勘估尚需銀二百五十兩方可完竣是月二十八由局領銀一百兩到來繼修諭令一切章程悉聽佐芳主意辦理佐即將單薄之基先行加高培厚但培

厚之工未完生等已墊過銀三十餘兩總局尚未給發歸欵嗣因無力再墊只得三月十八日又復停工現尚有水仙廟坍卸滲漏一十九丈三角塘應須培護一十七丈又基身陡立應築牛尾衞護兹經半月有餘未獲續修現在西潦連日頻增倘此險基未竣終遭潦潰固負　廉明高厚深恩卽通圍受累不少不得已屢請局紳完修無如均未着實生等伏思通圍旣蒙恩捐大修已用數萬多金全圍鞏固今一隅之險倘置不問仍有功虧一簣之虞似此百十之數亦復奚惜且聞總局畱銀備石築埧不過外護已成之基孰若稍減石埧堅修有患之處若謂生等先登堡內尚有糧銀未交俟交出

再修第所欠在人生等戶內糧銀久已繳齊當此麥秋
風雨春汛泛濫迫難久待用敢瑣瀆　仁衷伏乞迅賜
諭令總局紳士及早挪資將生等患基趕緊一律修固
共慶安瀾衽席無虞甘棠永頌切赴
批　已於爾等前稟批
龍坑基請飭局給費稟　稟為遵諭趕修派項難顧懇
恩明察另諭催修事竊桑園圍蒙　恩捐給并派收
糧務共得銀三萬餘兩是以無分基份通圍合修堅者
小倍險者大修如不敷用由局支應並不再累基主在
在皆然此大公無私之舉咸沾厚澤惟生等龍坑基份
為西海當衝最為險要且基身單薄上年西潦漲發坍

卸五處經總局紳士先後給發修基銀貳百六十餘兩派令張潘二值事督修一切工程悉聽主意辦理生等止係走奔代勞迨因基未收竣銀已用完生等不得已亦代挪銀三十餘兩湊支嗣因不肯發銀隨即停止生等因見尚有坍卸基十九丈單薄基十七丈並未興工屢次到局催修無如該紳等初則謂生等堡內派項未清繼則謂基工濫費轄令生等自行捐修不允隨控生等故延故抗不思修葺該基原係局紳派人督理有無濫費實與生等無干至各堡派收糧銀生等名下戶內久已繳完所欠者在別鄉別戶自有大鄉大戶舉人生員方可催收生等族小丁稀奚能任責茲奉憲諭奚敢

多瀆除一面遵照挪項趕修完好以仰副　廉明撫卹
至意然基是自己基份然通圍合修卽屬通圍之事修
費工程無論大小似應皆由局支今生等現在遵諭挪
項趕修一俟完竣另行奉報其所抽過費用銀兩仍懇
仁恩飭局給發歸欵以免獨任偏枯至先登堡未繳
派項伏乞另諭堡內紳士催收繳局俾昭平允苦樂均
沾項祝切赴

飭龍坑基業戶不准支公項諭　欽加同知銜南海縣
正堂史　諭桑園圍先登堡太平鄉龍坑坊監生李殿
元職員李健林李麗林知悉案照桑園圍上年四五月
間林村鵝春社等基被潦沖決并有塌卸基段及低薄

浮鬆患處甚多當經本縣親歷查勘傳集各紳士議以通圍大修估需工費三萬二千兩内撥官紳捐項銀八千兩稟奉　大憲籌給該圍本欵生息銀一萬兩在通圍按田科派銀一萬四千兩共成估需之數以凑厥用由總局董理紳士按照向章分别派收支發一律興修在案現在通圍工程將次告成昨經　本縣親歷查勘白叟黄童歡迎載道均知觀感可見此番經理一秉大公無所偏倚詎爾先登堡經管龍坑基並不按章遵辦上緊修復乃一味希冀嘵瀆觀望遷延兹據董理紳士馮日初等以龍坑基僅長一百九十六丈止須培葺先給修費銀貳百兩係按章匀給旋因該工枉濫無當復

又添補一百兩各堡衆議咸謂給費已多如應不敷應
照各堡貼修之例責令自行賠墊不能再支公項緣經
費有限合圍之大如必盡厭所欲恐十萬之數亦難敷
用況先登一堡已共支去修費銀九百二十餘兩而該
堡應派額銀尚欠三百五十餘兩之多以應繳之銀故
抗不繳應修之基故延不修希圖波累闔圍士庶憤不
甘心等情具稟查桑園圍派費工程向有定章以經費
之多寡工程之鉅細按段分給最爲公允且該基費業
已多領豈容再生無厭之求以抗衆議合就諭飭諭到
該監生等卽便遵照刻日將經管基段一律修築完固
并將該堡所欠派項速卽繳總局應用如敢再事遷延

侍符抗衆致悞通圍定即拘案革究倘該監生等欲以估定之工格外加工倍築逾於尋常是則工無限制不敷之需應照各堡之例由該基主自行捐墊辦理不准再支公項慎之特諭

主簿催報興竣日期諭

南海九江分縣鄧　諭董理桑園圍紳士馮日初明倫知悉現准　本縣移開現奉糧憲札開照得上年被水沖缺各圍均經領項轉發紳士承領修復其各該圍年前曾否動工如已興修現在工程約有幾分能否刻日竣工節過雨水春潦堪虞亟宜上緊督催培築札縣移廳希即查明各圍已未興修同已報動工各圍一體催令趕緊培築完固務於月

中一律報竣仍先將各圍現在修築工程分數情形移覆轉報等因准此查屬內桑園圍基想已動工日久惟並未據報興竣各日期合就諭飭諭到該紳士等務宜趕緊一律培築完固即將工竣日期具報如未竣工仍先將現在修築工程分數情形稟覆以憑移縣轉報速速特諭

南海查驗基工上列憲稟　敬稟者　卑職自初二日稟辭後當即由省開船至初三日行抵桑園圍內材村地方灣泊連日據董事紳衿馮日初等次第引勘各堡基工勘得該圍內林村吉水竇等處各決口及坍塌脫卸等處均已修復完竣內有最要之處俱用石衛護基根

較舊基更形鞏固其各堡內險患基段亦已一律加高
培厚可保無虞周歷之餘見各鄉白叟黃童歡迎夾道
謂此番工程浩大非　大憲優恤籌欵弗克至此從此
苞桑永慶十四堡共享安居悉　憲德之所賜也至別
圍修復各決口亦已陸續報竣卑職一身不能遍歷業
委員分路代爲勘驗矣除將各圍工竣日期另文詳報
外合將卑職查驗桑園圍基工情形先具稟　憲臺察
核再鄉間雨水調勻田苗鬯茂知關　慈廑附以稟
聞肅此具稟恭請　鈞安伏惟　崇鑒卑職謹稟

全圍報竣稟　具稟桑園圍舉人馮日初何子彬明倫
潘漸逵等稟爲報明全隄工竣乞　恩轉詳以紓　憲

注事切桑園圍基上年洪潦潰決兩邑羣黎同深慘害荷蒙　大憲恩撥歲息捐欵銀一萬八千兩另飭合圍捐派銀一萬四千兩凑爲大修之費經於去冬十一月二十四日在林村設局興修舉人等隨同　仁台暨九江廳鄧江浦司張週歷估勘所有決口衝險坍卸低薄處所均係因銀核辦各堡俱照公議章程分別修築務使工歸實用銀不虛縻合計前後給領歲息捐欵及所收科派實共用去銀貳萬八千餘兩業於本月初二日全隄工竣奠土告成初三日經蒙　仁台暨　縣憲親臨勘丈驗收理合稟懇據情牒轉詳以上副　列憲保護生民之至意除先登雲津龍山各堡尚有蒂欠容俟隨收落石統

繕清冊報銷外只得先行稟明并懇籤差迅催欠繳起
科各業戶刻日交局以濟石工實爲德便切赴 大老
爺台前詳察施行

全圍報竣聯謝公呈 爲隄工告竣聯謝 鴻慈事竊
惟塘成捍海紀年實溯開元堤美護城載記尚傳郭杲
導河水於澶淵坡培牧馬甃石坪於高堰灣障黃牛自
來治河籌海之方罔非禦患澹菑之策況 稟承之有
自每感戴於不忘舉人等桑園圍地聯南順隄亘東西
東當潰黃之支流西接牂牁之歸滙甲辰五月西江潦
發林村各處潰決頻聞流分燕尾塘迴直激夫翻瀾社
沒鵝春隄陷遂逾於累卵漫漫鯨浪處處鴻哀仰承

列憲賑恤兼施班載道之餱糧登斯民於衽席固已巢居穴處均受帡幪蘿粥葦航無胥饑溺者矣詎月基之插築垂成而瓠子之防秋復潰嘆黃熊之拔猖肆虐刑白馬而禱祀無靈曼蒙 膏雨涵優分捐鶴俸亟趁冬晴水涸諭令鳩工代求本欵生息之資飭行通圍捐派之例論採葯蕘惟通力而合作材分楞櫟遂委任而專司於是瓜皮泥馬驅薄淖以平基鐵脚木鵝就淺深而測水跨蛟窟則難資堅穩偃虹形而署作彎環揹芟薪柴楗橛竹石春料既具工役大興合千夫而操作虎旅紛騰積一簣之高堅牛蹄絡繹既築修夫決口遂併力於全圍胼胝罔憚肯忽犍涔繚繞悉堙不遺蟻穴計自

去冬經始共費三萬二千金迄今初夏告成爲隄壹萬五千丈復荷　憲帷暫駐福曜重臨鼓腹方賡九敘之歌當頭更覩五雲之色慶奠安於畯裏美蔽芾之甘棠從此雲横山固蜿蜒留漢上之題桑沃禾油羔羊樂豳風之俗來臻磐石恆頌岡陵除先登雲津龍山龍江各堡尚有蒂欠懇飭迅繳落石護堤外所有感激微忱理合聯名稟謝復乞據情通詳實爲公便

縣批據呈桑園圍全隄告竣昨經　本縣親詣勘驗均已一律穩固該紳耆等籌度有方俾大工妥速捍衛有資具見經理實心殊堪嘉尚候據情通報仍催先登各堡速完尾欠其築基田畝飭承一併過割繳冊暨另單

附

大修桑園圍記　邑之有圍所以衛田廬捍水患由來舊矣南海爲廣州郡首邑都圍濱海者十之六恃基圍爲長隄之限每遇西北兩江滙漲安危繫焉曩日官斯土者亦復講求詳盡而不能無潰決之虞道光甲辰夏四月予受事之初値水患決圍者數十而桑園圍尤甚予因撫恤遍歷其所如林村吉水竇等處潰決者百四十餘丈吉贊龍坑等處汕刷脫卸者百八十餘丈其因基身薄弱滲漏者未可勝計桑園固大圍也地兼南順兩邑綿長百有餘里内糧田二千餘頃一有沖決則全圍受患此而不亟圖將數十萬家之民生安託爰邀闔

圍紳士同詣河神廟集議僉稱是圍非全修不可估其
値三萬兩有奇第鴻嗸未紓鳩工無計予爲請於 大
府撥給官紳捐項八千兩正又 奏請撥給本圍生息
歲修銀一萬兩圍中十四堡按畝簽銀一萬四千兩統
計得銀三萬二千兩之數由通圍公舉何君子彬馮君
日初明君倫潘君漸逵四孝廉董其事自甲辰年十一
月二十四日開工至次年乙巳四月初二日告成予親
往覆勘見其一律工竣與諸紳相慶諸紳亦歸美於予
予曰是役也仰荷 聖恩憲德及富紳好善樂施之舉
與在工者勤賢襄事之力予數月以來督飭經畫其間
第守土者責耳烏足譽雖然竊有言焉夫制作樂觀厥

成而苞桑尤期永固今全圍固屹若金城矣而或不能
隨時修葺恐歷久難保無虞甚非所以愼遠圖也書曰
有基勿壞記曰民生在勤吾願諸君子共籌經久之計
弗懈初心防護在秋夏培築在冬春闕者補削者益未
雨綢繆俾十四堡保障常新狂瀾無恙將室家安堵物
產豐滋我百姓永享平成之福焉此尋之所厚望也夫
是爲記
賜進士出身同知銜知南海縣事北平史樸撰并書道
光二十五年仲夏穀旦刊立
收支清冊
先登堡經管基

飛鵝翼起至茅岡分界止長叁百零三丈加高培
厚共用工料銀壹百三十七兩貳錢壹分經理業
戶李瑞時　茅岡區國器基長壹百五十六丈加
高培厚共用工料銀五十六兩正經理業戶區綿
初　茅岡蘇節蘇萬春基長二十六丈五尺加高
培厚共用工料銀貳拾貳兩四錢正經理業戶李
積發黄世昌等　圳口六戸基長壹百四十二丈
加高培厚共用工料銀七十兩正經理業戸李廷
昌　稔岡横岡基長五十八丈加高培厚共用工
料銀柒拾五兩六錢正經理首事梁懷文蘇應銓
鳳巢李大有基長壹百八十四丈五尺加高培

厚共用工料銀貳百零六兩六錢四分經理業戶
李茂芳　鄧林李大成基長七十四丈九尺加高
培厚共用工料銀四十一兩三錢六分五釐經理
業戶李和中　龍坑梁觀鳳李鄉中蘇芝望李楝
四戶基長壹百九十六丈二尺加高培厚舂灰骨
共用工料銀叁百零六兩壹錢貳分經理業戶李
端亮李麗林
海舟堡經管基派修首事潘佐芳
李繼芳戶基自龍坑分界起至李復興止計長壹
百六十丈基身滲漏卑薄今加高二尺用灰舂實
培厚共用工料銀壹百叁十壹兩貳錢　李復興、高戶基自李繼芳分界起至梁稅祐止計長五十五丈七尺基身卑薄内滲漏叁十丈用灰舂實培厚共用工料銀伍拾兩正　梁稅祐基自李高分界至黎余石止計長叁十二丈八尺加高一尺五寸滲漏用灰舂實餘俱培厚計共工料銀貳拾兩零五錢貳分　黎余石基自梁稅祐分界起至梁萬同止計長叁百三十二丈八尺基身滲漏臨河陡險今加高二尺所有滲漏用灰舂實一律培厚共用工料銀肆百零五兩九錢八分　梁萬同李遇春簡其能麥秀陽林璋基自黎余石分界起至十二戶基止計長貳百二十四丈五尺加高二尺滲

漏用灰舂實一律培厚共用工料銀貳百叁十九
兩正　十二戶三丫基自梁萬同分界起至伏波
廟長五十丈基身受沖最險基內深潭屢被沖塌
今加杉樁內外培濶三丈九尺基面加高二尺五
寸用灰牛隻踩練共工料銀肆百四十二兩壹錢
壹分　又自伏波廟起至天后廟長十二丈基身
最險今內外培濶三丈七尺加高二尺共用工料
銀四十一兩七錢正自天后廟至楷樹基長十八
丈用密排杉樁兩層培濶三丈牛隻踩練共工料
銀六十五兩五錢正自楷樹起至譚家祠前止長
九十八丈四尺加高培厚共用工料銀二十七兩

壹錢叄分自譚家祠至鎮涌堡分界止計長四百三十七丈加高二尺内三十丈滲漏用灰舂實餘俱培厚共工料銀貳百二十六兩零六分　另廠宇工人寮鋪司事酬金火夫工金雜費伙促銀壹百四十八兩四錢八分總局共支出銀壹千柒百九十七兩六錢八分另該堡義捐粘補各段基工銀柒百三十八兩九錢九分不入總局進支該堡經理首事李謙揚譚恆發　另在總局續支落巒石銀柒拾兩正

鎮涌堡經管基派修首事黎景淳

南村基自海舟分界起至泥龍角止計長壹百零

五丈基身受衝最險今加高一尺五寸培厚一丈一尺又自泥龍角至石龍鄉止計長一百七十五丈加高一尺二寸培厚五尺共用工料銀三百九十三兩壹錢二分五釐　石龍鄉基自南村分界起至鎮涌止計長四百壹十四丈基身滲漏卑薄今加高二尺用灰舂實培厚共工料銀壹百七十三兩七錢正　鎮涌鄉基自石龍鄉分界起至河清基止計長貳百四十二丈內十丈滲漏用灰舂實餘俱卑薄今加高二尺培厚三尺共工料銀九十一兩八錢正　另厰宇工人寮鋪雜費司事酬金火夫工金伙促銀七十三兩二錢三分總共支

出銀七百三十一兩八錢五分五釐該堡經理首
事何敦仁何允修
河清堡經管基派修首事馮廣祥
潘永思戸基自鎭涌分界起至順之祠止計長七
十八丈加高一尺五寸內滲漏五十三丈用灰舂
實餘俱培厚共用工料銀八十四兩一錢六分
自順之祠至秀槐祠長一百八十丈內滲漏二十
五丈用灰舂實餘俱卑薄今加高培厚共用工料
銀三百二十六兩九錢六分　自秀槐祠起至武
陵廟止長六十八丈加高一尺內坍卸七丈今築
復培厚共用工料銀二十六兩四錢　自武陵廟

起至九江分界止長一百十一丈加高培厚共用工料銀五十九兩九錢四分外隄三百七十七丈内坍決口五處今築復加高培厚共用工料銀五十三兩七錢六分　另厰宇工人寮鋪司事酬金火夫工金雜費伙促銀八十一兩五錢五分總局共支出銀六百三十二兩七錢六分　另該堡義捐粘補各段基工銀二百二十六兩九錢八分不入總局進支該堡經理首事潘爲霖譚顯龍潘廣居

九江堡經管基派修首事莫靄秀

自河清分界起至鐵牛基止計長四百五十三丈

内滲漏用灰舂實餘俱卑薄今加高一尺培厚二尺共用工料銀二百九十九兩二錢七分業戶經理朱盛堯關景綸　又自鐵牛基起至相府社止計長一百六十四丈五尺卑薄滲漏今加高一尺培厚二尺用灰舂實用銀壹百六十七兩六錢八分又外圍牛路口起至三帝廟橫間基止計長一百七十八丈卑薄今加高一尺五寸培厚五尺用工料銀九十二兩四錢正業戶經理關用康關信年　又自相府社起至清溪社止計長四百八十六丈俱卑薄坍陷今加高培厚用灰舂實共工料銀三百六十七兩四錢二分業戶經理關祐關植

培　又道光廿六年五月將收龍山銀壹百兩領
估培修仍交關佑等支理　又自清溪社起至石
路口止計長一百二十五丈五尺俱卑薄加高二
尺培厚二尺用工料銀八十七兩零八分又外圍
自橫間基至石路口計長五百六十丈內江洲社
決口六丈今築復用土工舂灰牛工踹練銀二百
零五兩七錢二分餘俱卑薄加高二尺培厚二尺
共用工料銀三百零八兩二錢八分業戶經理關
靄朝關應朝關恆業　又自石路口起至龍塘社
止計長二百九十一丈八尺內石獅里決口一十
二丈五尺今築復用土工舂灰牛工踹練銀八百

二十四兩八錢正餘俱卑薄今加高三尺培厚三尺用工料銀一百六十二兩三錢八分又外圍自石路口起至抱涌圍橫間基止計長一百四十三丈九尺俱卑薄滲漏今加高二尺培厚二尺用灰舂實共工料銀貳百零九兩九錢八分業戶經理鍾碧海朱辰階陳偉登陳松茂　又外圍抱涌圍計長二百五十丈內坍陷一十二丈餘俱單薄今加高培厚用工料銀一百七十二兩三錢二分業戶經理張昇洲關誠遠　又外圍南頭圍計長叁百六十丈內坍卸六處用灰舂工料修復餘俱卑薄今加高二尺培厚二尺共用工料銀三百零四

兩三錢三分業戶經理曾壹霄　又單竹坡基羊
趾基鴨舌基鳳朝里甲子基鳳山社至騎龍社共
計長五百三十六丈六尺俱卑薄今加高培厚共
用工料銀三百二十一兩六錢四分業戶經理關
青雲岑聖培　又自騎龍社起至周將軍廟止共
高級石決口長四丈闊家山傍決口長四丈六尺
今築復用土工舂灰牛工跴練共銀三百零四兩
四錢正　又五百一十丈基身卑薄今加高培厚
用銀三百一十兩零八分業戶經理關業恆陳泰
交　另廠宇工寮司事酬金火夫工金雜費伙促
銀四百四十七兩九錢五分總局共支出銀四千

五百八十五兩六錢四分另該堡自捐粘補各段基工銀七百二十四兩不入總局進支

甘竹堡經管基

自九江分界起至灘底支閘止長二百六十丈內卸陷二十三丈今築復加高培厚共用工料銀三百五十兩正　又金山決口沙涌決口長二十八丈今築復決口連加高培厚共用樁料土工銀二百一十二兩正總共銀五百六十二兩正總局支出銀四百一十三兩七錢七分該堡義捐銀一百四十八兩二錢三分不入總局進支經事首事吳文昭胡仕鴻

雲津百滘堡經管基

程祐新基一百零九丈二尺加高培厚共用工料銀一百零六兩三錢正　陳運昌基長九十二丈内坍決十三丈坍卸傾陷三十八丈今築復坍決加高培厚共用工料銀一百八十二兩五錢八分

梁杜開基二十三丈七尺加高培厚共工料銀一十二兩八錢七分　黎子邦基長十六丈六尺内坍決七丈六尺今築復培厚共工料銀貳拾兩零一錢二分　潘守愚潘炳恒李洪臯三鄉社學基計長一百零三丈四尺内坍決口十八丈五尺今築復加高培厚共用工料銀八十九兩三錢正

潘日佳基長六十五丈二尺內坍決十四丈今築復決口加高培厚共用工料銀五十八兩三錢一分　黎士賢秉卓基長十八丈加高培厚共用工料銀二十一兩五錢正　潘致忠基長八十一丈內坍決二丈一尺加高培厚共用工料銀三十九兩九錢正　張興宏基長二十八丈五尺加高培厚共用工料銀貳拾六兩五錢二分　吳聰戶基長二百九十四丈坍決九處長十七丈一尺今築復決口加高培厚共用工料銀一百七十七兩六錢八分　另廠宇工人寮鋪司事酬金火夫工金雜項伙促銀五十五兩三錢八分經理首事陳夔士吳

作翰程艮藩吳玉圖

簡村堡經管基派修首事譚彥光

自吳聰分界起至西樵山脚止計長五百六十五丈五尺內吉水竇傍決口十三丈五尺今築復決口共用土工牛工石灰樁料銀九百二十八兩九錢七分八釐　另加高培厚共工料銀叁百零九兩八錢七分九釐　另厰宇雜用司事酬金火夫工金伙促銀八十九兩八錢八分四釐　總共支銀壹千三百二十七兩八錢七分一釐內應簡村堡招回整竇石借銀貳百八十四兩零　分八釐

該堡經理首事陳景新

沙頭堡經管基派修首事張彪

自龍津分界起至龍江河蟛圍分界止計長一千八百八十五丈九尺内決口六處計長二十五丈五尺共用土工椿灰牛工晒練支銀三百九十九兩八錢正　又坍卸十一處計長四十八丈五尺用工料銀貳百七十一兩四錢正又又卑薄滲漏計長一千八百二十一丈今加高培厚用灰舂實支銀五百六十四兩七錢八分韋馱廟落石銀九十五兩九錢正　另公廠工人寮司事酬金火夫工金雜用伙促銀一百六十九兩五錢五分三釐總共銀壹千五百零一兩四錢三分八釐該堡經

理首事崔令儀老亮純崔顯文馮仰祖

龍江堡經管基

自沙頭河蟛圍分界起至河蟛尾止計長四百八十五丈内決口二處長十六丈四尺坍卸七處長二十八丈六尺其餘一律加高培厚連落䜌石雜費伙促工修總估壹千一百三十兩零三錢三分

該堡經理紳士盧乘光蔡鳳華劉宜秩

雲滘仙萊岡基

自仙萊岡脚起至五顯廟止長壹百五十二丈内決口四處長四十六丈坍卸三十丈今築復決口加高二尺五寸一律培厚共用工料銀壹千零九

十八兩七錢五分　另廠字工人寮鋪雜費司事
酬金火夫工金伙促銀一百三十兩零七錢八分
該堡經理首事張信孚張桂楣潘聯拜

吉贊橫基

自洪聖廟至渡滘分界長叁百一十八丈加高二
尺培厚壹丈五尺內決口十二丈今築復培厚共
用椿料石灰牛工硒練泥工銀貳千一百一十四
兩一錢四分　重建洪聖廟賢宦祠磚石木料工
匠油漆琴枱總共銀叁百五十叁兩五錢五分五
釐　陞梁奠土建醮各堡紳士酒席篷廠雜費銀
壹百一十六兩二錢一分七釐總局經理

雲津百滘堡經管基

自吉贊基頭起至程祐新橫水渡頭止長四百零五丈內決口五處長一百四十七丈今築復決口加高培厚共用樁料石灰牛工泥工該銀八千八百二十六兩九錢九分七釐落九龍巒石貳百三十三萬九千五百觔支銀四百一十四兩七錢八分四釐工人篷廠支銀貳百六十五兩六錢六分

支買牛隻銀貳百八十九兩二錢一分　支牛工草料銀壹百六十五兩八錢二分四釐　支兩年在局司事人員差役飯食應酬雜費銀九百八十壹兩一錢八分二釐　兩年局內雇倩跑差水

火夫職事工金因公來往船隻渡費共銀叁百三十五兩貳錢九分總局經理

龍津堡

領修基銀捌拾兩正

甲辰通修收支總畧

領官紳捐項銀八千兩正內布政司銜郎選道潘仕成捐銀五千五百兩官捐項內撥銀二千五百兩

領歲修銀壹萬兩正

收百滘堡起科銀四百三十一兩六錢正　收雲津堡起科銀貳百七十八兩四錢七分六釐　收伏隆堡起科銀四兩四錢八分五釐　收簡村堡

起科銀捌百二十七兩八錢七分四釐　收沙頭
堡起科銀壹千三百八十二兩九錢一分　收龍
江堡起科銀壹千零六十九兩四錢九分　收先
登堡起科銀貳百五十兩零三錢六分八釐　收
海舟堡起科銀五百九十四兩四錢二分　收鎮
涌堡起科銀叁百九十一兩零七分八釐　收河
清堡起科銀五百壹十貳兩七錢六分三釐　收
九江堡起科銀貳千五百三十八兩八錢六分八
釐　收甘竹堡起科銀肆百零貳兩零五分　收
大桐堡起科銀壹千零零九兩一錢零八釐　收
金甌堡起科銀叁百八十三兩二錢七分　收龍

山堡起科銀五百兩正　收潘政忠決口招墊二成銀九兩九錢六分　收馮聖德決口招墊二成銀貳拾八兩四錢五分　收張佐仁程祐新決口招墊二成銀壹千零四兩七錢四分八釐　收區大器決口招墊二成銀六拾兩正　收簡村堡決口招墊二成銀壹百八十兩正　收沙頭堡決口招墊二成銀七十九兩九錢六分　收龍江堡決口招墊二成銀六十兩零八錢四分　收九江堡決口招墊二成銀貳百八十七兩正　收甘竹堡決口招墊二成銀壹拾一兩七錢二分　收賣出牛隻銀貳百七十九兩零八分三釐　總共收入

銀叁萬零五百七十八兩五錢三分八釐　發兩
邑修築圍基土工各料銀貳萬九千零六十九兩
五錢五分
又除報　部題銷編纂誌乘及衙門省局捐修河
神廟各費支訖外尚存欠繳起科招墊二成銀兩列左
雲津堡欠繳起科銀叁百貳十五兩零六分七釐
金甌堡欠繳起科銀壹百叁十三兩零零五釐
鎮涌堡欠繳起科銀玖拾四兩八錢九分二釐
先登堡欠繳起科銀叁百八十五兩五錢五分
大桐堡欠繳起科銀柒拾叁兩五錢六分七釐
順邑龍山堡欠繳起科銀壹千五百零九兩九錢七分

順邑龍江堡欠繳起科銀陸百一十八兩四錢八分四
釐
林村程姓欠決口招墊二成銀貳百七十六兩九
錢七分三釐
林世舉欠繳二成銀壹拾九兩九錢八分
吉贊鄉潘觀仲潘藻溪莫雍睦等欠決口招墊二
成銀貳拾七兩九錢
通共欠繳起科并招墊二成銀叁千肆百六十
五兩叁錢八分八釐

廣東布政使司李　爲題銷廣東省南海縣修築
桑園圍基工程用過銀兩與例相符應准開銷事
道光二十八年九月初八日奉
巡撫廣東部院葉　案驗道光二十八年九月初
一日准
工部咨都水司案呈工料抄出廣東巡撫徐　等
題南海縣道光二十四年修築桑園圍基工程用
過銀兩造冊題銷一案道光二十七年十二月二
十一日題二十八年三月二十九日奉
旨該部察核具奏欽此欽遵抄出到部該臣　等查得廣
東巡撫徐　等疏稱南海縣道光二十四年修築

桑園圍基用過工料銀兩造册請銷一案先經巡
撫臣黄　會同督臣　者查核具題准部咨覆以册
開挑運樁木水脚銀兩間有浮多之處應於原册
内粘籤鈐印發還據實删减另册送部具題核銷
等因飭行遵照茲據廣東布政使葉　詳據南海
縣遵照奉駁籤飭情節於册内删减外共用過工
料銀一萬一千六百十二兩一錢五分三釐三毫
内除官紳捐項及通圍業户按税科派銀一千六
百十二兩一錢五分三釐三毫凑支外實用過工
料銀一萬兩另造細册詳候題銷理合查照轉造
清册詳請察核具題臣覆核無異除册并將原駁

籤冊送部外臣謹會同協辦大學士兩廣總督臣耆　恭疏具題等因前來查廣東省南海縣道光二十四年修築桑園圍基工程先據協辦大學士兩廣總督宗室耆等奏明並據前任廣東巡撫黃等將需用銀兩造冊題估經臣部查冊開挑運椿木水脚銀兩間有浮多之處於原冊内粘籤鈐印發還該撫轉飭據實查明删減另冊送部具題核銷在案今據廣東巡撫徐　等將前項修築桑園圍基除遵駁删減外共用工料銀一萬一千六百十二兩一錢五分三釐三毫内除官紳捐項及通圍業戸按稅科派銀一千六百十二兩六銀五

分三釐三毫湊支外實用過工料銀一萬造冊題
銷臣部查冊開挑運椿木水腳浮多銀兩之處旣
據該撫查明於冊內遵駁刪減核與應減銀數相
符其所開工料價値與例亦屬無浮應准開銷道
光二十八年五月初九日題本月十一奉
旨依議欽此爲此合咨前去欽遵施行等因到本部院
准此合就檄行備案仰司照依准咨奉
旨內事理卽便轉行欽遵查照毋違合就札飭札縣卽
便欽遵查照毋違特札

道光二十八年九月二十二日

培護

修築既完培護伊始勢宜壘壘蠻石於頂沖險要單薄處所以殺水勢以護基根而大工告竣多視爲緩圖一有決崩前功盡棄欲惜費而費愈甚欲省工而工愈繁此因一簣之盈虧貽害通圍之糧命者也查甲寅大修按畝起科派定各堡額銀共得五萬餘兩仍不敷落石之用奉

憲諭照各堡原額加二成捐輸時龍山紳士黎常功等以大圍既竣勢宜自修子圍大圍石工力難兼顧呈請免科奉　憲諭南順兩邑唇齒相依且大圍既已堅牢即爲小圍保障理合

一律均派不必自生畛域希圖免科仰見　列
憲仁慈爲未雨綢繆之計者至周且備也此次
工程浩大計撥欵捐廉及起科之所入僅三萬
餘兩力行省節以完要工而各堡未繳額銀即
留爲壘石之用比從前再行捐輸者已有勞逸
之不同所望各堡紳民將尾欠陸續繳齊以培
護基脚使無貽後日之悔可耳

催各堡欠數以備落石護隄稟　具稟人桑園圍舉人
馮日初何子彬明倫潘漸逵冼文煥李謙揚潘藥生朱
士琦李徵霨崔茂齡抱稟馮陞爲隄基已竣籌欵落石
乞　恩檄飭催繳以濟要工事緣舉人等桑園圍綿亘

南順兩邑隄分東西計長一萬四千餘丈上年被水沖決雲津堡林村基及簡村堡沙頭堡九江堡龍江堡各基段蒙　大憲恩准核給歲修帑銀息一萬兩復撥給捐欵銀八千兩外仍着南順十四堡照章科捐銀一萬四千兩湊爲大圍合修之費自去年十一月開局董修陸續催收各堡應捐銀兩隨時支應至本年四月所有土工一律告竣經　大憲委員暨前陞縣憲史　親臨驗收通詳在案惟東西基各險要處所必須多買巒石堆護基脚方足以資捍衛而臻鞏固現計南順各堡尚欠繳銀三千餘兩屢延不支不思合圍大修均係照例科派如有一堡不繳其已繳之堡必不輸服一戶欠繳

其已繳之戶亦不甘心況刻當趕籌石工需銀購辦若
任其延賴不特背違舊例實恐貽誤要工只得粘列單
開各堡欠繳名數并應落石處所除稟 府縣憲別札移
催繳外理合聯叩 轅下乞 恩迅檄順德縣飭令龍
山龍江兩堡紳業人等限日將應欠銀數繳到沙頭堡
桂香書院修基局俾得公同買石堆護險要基脚闔圍
永固萬戶沾 恩切赴 督糧道大人爵前恩准施行
計粘南順各堡欠繳銀數并應落石處所另摺呈 雲
津堡共欠繳銀三百二十五兩零六分七釐 金甌堡
共欠繳銀一百三十三兩零零五釐 鎮涌堡共欠繳
銀九十四兩八錢九分二釐 又大桐堡共欠繳銀七

十三兩五錢六分七釐　先登堡共欠繳銀約三百八十五兩五錢五分　吉贊鄉潘觀仲莫雍睦潘藻溪等祖共欠招墊決口二成銀二十七兩九錢　林村程姓林姓共欠繳銀二百九十六兩九錢五分三釐

計開東西基應行落石處所　一西基海舟堡三門一帶應需蠻石約一百萬斤　龍潭東角應需蠻石三百萬斤　一西基鎮涌堡鐵牛泥龍角一帶應需蠻石約千餘萬斤　一西基九江堡蠶姑廟銅鼓灘一帶應需蠻石約五百萬斤　一東基沙頭韋駄廟橫基頭一帶應需蠻石約三百萬斤　一東基龍江堡河澎基新築決口一帶應需蠻石約六十萬斤　一稟　督憲　一

稟　藩憲　督憲批　據呈全堤修竣需石加培額飭催繳等情堤基工程緊要自應培築完固未便任其一簣功虧既據粘單前來仰東布政司分檄南海順德二縣刻日查明如果單開各堡欠繳基費銀兩屬實立卽分別諭催完繳以應要工粘單並發　藩憲呈批　基圍爲田廬保障必應乘時修築完固以禦潦患所有各堡未清修費應卽清交修理仰廣州府分飭南順二縣查明何堡未交修費嚴飭按數交出以資應用毋任遲延切切粘件詞附　糧道批仰廣州府飭縣照案催繳以應要工粘單並發

催尾欠以備落石呈　一籌欵落石如林村新築彎基

及舊基陡削處所除現經價買蠻石二百萬堆傍外尚須再購石五百萬又西基海舟堡之三門應需石一百餘萬龍潭東角應需石三百萬鎮涌堡之鐵牛泥龍角應需石八百萬九江堡之蠶姑廟銅鼓灘應需石五百萬東基沙頭堡之韋馱廟橫基頭應需石六百萬計每萬斤現買脚價銀一兩八錢五分合共應籌備石費銀五千餘兩

一各堡捐派銀數計先登堡欠繳銀三百八十餘兩雲津堡欠繳銀三百二十餘兩金甌堡欠繳銀一百三十餘兩鎮涌堡欠繳銀九十兩零順德之龍山堡欠繳銀一千五百餘兩龍江堡除從寬扣留估修基費外尚應欠繳銀六百餘兩查合圍大修例應不分

畛域公同捐派如有一堡欠繳其已繳之堡必不輸服即一戶不繳其已繳之戶亦不甘心現計各堡共欠繳銀三千餘兩即照數收淸尚不敷買石之用應請 飭差嚴催並移順德縣飭令龍山等堡迅速備繳以應石工 一補築決口例應該基主業戶招墊工費銀二成以分主從除九江沙頭簡村龍江等堡均照例招墊外惟林村程祐新戶程甡蕃等除收尚欠繳銀二百七十六兩九錢七分三釐林世舉尚欠繳銀一十九兩九錢八分又吉贊鄉潘藻溪莫雍睦潘觀仲等三戶共欠繳銀二十七兩九錢以上各戶尚欠招墊二成銀兩會經屢集園中公約籌議緣此係合圍公例礙難姑徇應請

飭差嚴拘追繳俾知基主各有責成免致懈於歲修貽
誤通圍糧命
請府憲催各堡尾欠稟　具稟人桑園圍首事舉人馮
日初何子彬潘漸逵明倫等稟爲護隄需石催項久延
聯乞派員催繳以濟石工事緣舉人等桑園圍節奉
列憲核給歲修帑息及撥捐欵共銀一萬八千兩并着
南順十四堡科派銀一萬四千兩湊修上年沖決雲津
林村各處基口及通圍大修之費自去冬今夏土工告
竣荷蒙憲員暨史縣台履勘驗收通報惟東西險基需
石堆護方爲盡善核計南順各堡尚欠繳銀三千餘兩
而龍山一堡已欠繳通修三七額銀一千五百餘兩之

多龍江復欠繳銀六百餘兩九月十八日經具粘單稟
奉 仁憲批候分檄勒催等因各在案今時近冬暮候
繳無期致令需石護隄無資購辦倘或再任延宕又恐
春潦誤工除南屬各堡稟縣行司就近隨時追繳外只
得再叩憲階聯乞查照粘單檄行順德縣台諭飭龍山
龍江紳業尅日交繳并派委員坐催勒限全數清完俾
資購石以護圍隄闔圍戴 德迫切再呈 老公祖大
憲大人恩准飭行
批趁此冬晴正趕修基岸之時豈容任催罔應致誤要
工再檄飭順德縣勒催清交以濟工用而臻鞏固粘單
附 道光二十　年十一月府呈

基段

各堡經管圍基必每段丈尺分明彼此無容推諉然後每歲小修自行辦理遇有崩缺自築水基可爲永遠遵行之法前志於圖說載明每段長短及該管業戶姓名以分界限杜推卸也乃此次大修復有潘卓全等借端推諉之事總局查明公覆此後彼此不至互推特將此案詳列於編使人得以查核焉

吉贊鄉推卸基份稟　具稟人潘卓全潘猷建潘恭建潘銓璧潘卓富潘光建莫爵廷抱告潘耀光稟爲架揑基份乞拘察究事切桑園圍凡名仙萊岡基共長一百

五十二丈向係區大器基份有伊投報詞炳據與蟻祖
無于上年該基破潦沖決數次詎區大器業戶區信玉
等突稱桑園圍新誌開載仙萊岡基一百零五丈係伊
區大器管餘基四十七丈捏蟻祖潘藻溪祖等管并要
潘藻溪莫雍睦潘觀仲各招二成銀二十兩蟻等駭異
卽查新舊誌基圍核對舊志並無蟻祖名字新誌從何
注捏想修新誌時區大器等以蟻祖後岡枕近堤基混
稱蟻祖名注入預爲捏架地步不思此基道光九年沖
決經區大器請領伍紳捐項自行修復新舊基一百五
十二丈報竣呈明經附近並無基份之百滘堡捐足辦
竣蟻祖係百滘堡圖戶尚何有四十七丈之基架捏顯

然經投通圍處斷信等弗恤天理奚在只得粘抄甯叩
台堦伏乞差拘區信玉等到案究將該基撥還區大
器經管俾免架揑沾恩切赴
批　爾等既係百滘堡圖戶並無經管仙萊岡基有舊
志成案可據何以區大器改易新誌候飭查明舊志成
案據實稟奪粘單附　道光二十五年五月初八日呈
具稟桑園圍紳士馮日初何子彬明倫潘漸逵李應揚
曾釗陳韶冼文煥黃亨潘夔生關景泰耆老潘聯拜張
信敷抱稟馮陞爲遵諭稟覆乞　恩通詳立案以免推
卸事緣奉　鈞諭內開仙萊岡鄉與吉贊鄉分管基段
立即秉公確查該基上年被決處所究竟應歸何鄉管

理據實稟覆等因舉人等遵卽傳集闔圍紳耆查照新舊志書虛公察議僉稱圍基段落均係因業派管其土名仙萊岡基共長一百五十二丈除一百零五丈係雲津堡區大器經管外四十七丈係百滘堡潘藻溪祖莫雍睦潘觀仲三戸經管歷無翻異自道光九年具領伍紳捐修基費及去年該基被決具領義士築水基銀兩俱係潘藻溪祖等三戸出名承領有單可秉據是潘藻溪祖與區大器戸各有經管基段無容互推詎潘卓全等妄稱伊祖並無基份以道光十年區大器報竣呈詞經附近無基份之百滘堡捐足辦竣一語爲據不思道光九年係區大器經管之基被決而以附近之百滘堡

帮築自應分别聲明上年係潘藻溪祖等經管之基被
決自應係潘藻溪祖等招墊何得借詞混推至稱新誌
係從中扗揑不思新修之誌當經通稟　大憲按照舊
志公同商確逐一詳修一有更移各堡定必不服豈止
潘藻溪祖等一段嘵嘵抗爭今潘卓全希圖借仙萊岡
基爲名盡推與仙萊鄉區大器戸併管不知基因業派
歴有定程其仙萊岡基共長一百五十二丈區大器例
應照管一百零五丈潘藻溪祖等例應照管四十七丈
斷難翻異茲奉前因理合據實稟覆乞　恩通詳立案
以免推卸並懇拘追潘卓全等應招墊二成銀六十兩
刻日繳出以資石工實爲公便爲此切赴　大老爺臺

前恩准施行

渠竇

圍內竇閘渠涌所以通潮汐防旱潦便舟楫者也然基圍爲十四堡保障此方既決即浸及於彼方渠竇爲一方灌溉之資此處利益不能波及於彼處故崩決後大修則合圍均派而修葺渠竇疏濬涌渠祇以本方之銀與本方之利不能動支公項亦不能派及他方查前志於渠竇一門失於詳載僅記某堡竇閘有無某鄉竇閘幾穴而已故每遇大修或欲借通圍公項之資爲一方竇閘之用輒云竇閘附於基圍修基圍即修竇閘彼此爭論剖析殊難不知修竇閘濬

涌渠前人歷有成法因搜採甲寅經行成案別立渠竇一門附載此志之末使知向有舊章無容翻異云爾

疏渠成案　布政使司莊　爲涌渠被塞　應疏復以資灌溉以利行人事照得南海縣屬桑園圍自乾隆五十九年閒圍基被決淹浸兩月隄内涌渠淤積浮土一尺有餘嗣聞該處枕涌業戶有將自己田業挑去浮土堆積涌基被牛羊踐踏漸次卸落以致水道不通茲訪聞該圍自本年八月以後雨澤稀少灌溉無由晚稻雜糧被旱者十居三四現在蔬菜舊麥望水灌溉若不卽行疏復轉瞬交春節應翻犁播種偶遇雨水缺少春耕

必致有悞查溝洫涌渠乃田間水道向係鄉民業戶公眾捐貲挑築使田業得以灌溉並得以利行人而枕涌之田亦得先受其益今該圍涌渠既被枕涌業挑土墊塞自應各按業戶田頭督令疏復原位除於該圍十一堡及各段淺窄涌渠橋樑處所出示外合先札遵札到該縣員立即查明圍內涌渠及橋樑淺窄者多出告示曉諭各業戶務於本月望後起趁此天晴水涸之際各按田頭自行疏復一律寬深水性流通舟行利便事竣稟覆以憑委員查勘倘有不遵立即責懲事關民瘼毋任違延速速 嘉慶二年十二月十一日

署理布政使司常 札廣州府南海縣九江主簿知悉

據廣州府詳據該南海縣詳報會同九江該主簿崔鎮
查勘過桑園圍南村石龍兩鄉奉　撫憲倡捐修費疏
復水竇水圳情形繪具圖形由府詳繳前來查南村石
龍兩竇前奉　撫憲諭開令該府縣等分飭各首事聯
挑築章程計需費若干各鄉籤捐數目若干由縣妥議
詳司覆核詳報以憑示期收銀興工委員前往督辦經
前司諭飭於南石兩竇適中處所設立公所先將兩鄉
按糧加八起科銀一千三百兩并妥議竇外挑疏水圳
工程務使經久無患其竇内水利所經之涌渠橋樑議
定高寬欵式拆去陂石改用木橋使一律深通無碍水
道立定章程使各鄉共悉並親往水利可到之田必等

鄉凡有力仗義之家一體勸諭簽捐共計得銀若干由縣府妥議詳司以憑詳請示期收銀興工委員前往督辦另選素諳工程首事數人專司經理行知遵照在案自應飭令各鄉紳耆首事查照前儆情節妥定收銀日期并　推專司經理工程首事數人選擇吉日由縣府妥議稟覆以憑詳請　撫憲給示興工今　撫憲指日赴京入　覲未便稽延　札飭札到該府縣員立卽遵照札飭情節迅飭各首事卽日稟覆由縣先行通稟　察核以慰　憲懷毋得遲延速速　嘉慶三年九月十三日

竇闇成案　廣州府爲飭遵事嘉慶元年二月三十日奉　兵部尚書兼署兩廣總督朱　憲牌照得桑園圍

民樂市等處被沖竇穴圍基先據稟報順邑及該圍紳士公捐銀數萬兩設立修基總局今首事梁廷光等將捐銀修築鞏固等由批飭遵照續又檄催遵照原案嚴飭該縣巡檢督同該首事在於公捐銀內購齊石椿竇門勒限修築堅固高厚委勘具結詳報在案現居春耕正潦水漲發之候亟宜趕早辦竣以資捍禦乃今未獲核實修竣委勘結報將來潦水漲發貽悞匪輕合亟飭遵備牌仰府照依事理立將該處被沖竇穴圍基徑飭該縣及巡檢主簿督同總理首事梁廷光李昌耀等在於該圍及順邑紳士公捐銀兩內購齊石椿竇穴門等項親往民樂市各處分段趕緊修築完固高厚其竇穴

上下左右及基身危險處所立卽砌石以期鞏固修竣
該縣及該巡檢首事出具保結由府委勘明確具結通
詳事關民瘼毋得任由揑飾延悞致干未便等因奉此
遵卽轉飭南海縣及九江主簿江浦司巡檢遵辦去後
茲據南海縣李令詳稱移准九江主簿稽會嘉江浦司
巡檢吳洪會申稱遵查乾隆五十九年潦水異漲桑園
圍被水沖決二十餘處當蒙　各憲捐廉倡修固全圍
工程浩大需費甚繁而圍內各處竇穴不少力難兼顧
當經圍衆公議止將公捐銀兩專修基圍其各處竇門
竇穴仍令各鄉查照舊例自行修理俱已允從毫無異
議詎民樂市竇穴向係百滘雲津兩堡居民經管該鄉

田畝仰藉灌溉十居其九歷來修理該竇作爲拾壹分派修百滘出費拾壹分之玖雲津出費拾壹分之貳而雲津堡生員潘炳綱派爲該堡首事經收籤題銀兩因伊住屋附近民樂市竇穴遂懷私意先將捐修基工銀壹百捌拾餘兩修理民樂市之竇穴其意不過暫挪一時欲向百滘堡收得歲修之費仍復歸欵不料百滘堡居民隨以潘炳綱修竇並未逼知同估工程疑有冒銷等事不肯出費以致潘炳綱之雲津堡尾欠銀壹百捌十餘兩任意延宕至六十年十月內潘炳綱無銀繳局畏懼差追又因修竇工程不無浮冒百滘堡切近同鄉易於指摘不敢復向百滘堡索取輒以竇工未竣係因

總局不肯發銀混赴　上憲具呈希圖誘卸後蒙堂臺臨工齊集確訊查出潘炳綱妄控并百滘堡不肯出費實情押取兩堡甘結令其趕緊興修十一月內蒙本府檄委候補縣朱振瀚來工督催潘炳綱躲匿做廳等隨傳百滘堡管理該竇値年潘才一等剴切曉諭伊等亦知理虧萬難推諉卽日出銀將未完工程趕緊完竣惟竇門朽爛急需自另爲更換據潘才一等同稱數年前通堡公買力木板叁塊存貯竇面原爲修補竇門而設後有潘蕃昌私自押錢應用懇飭追繳等情做廳等隨傳潘蕃昌等訊認不諱當卽押令贖囘交潘才一等做門督令安設卽取潘才一等切結加具印結報竣在案

此民樂市竇門竇穴俱係該鄉自行出費自行承修並不動支總局公捐之項毋庸着令總局首事出結奉行前因復查據總局首事梁廷光等覆稱桑園圍竇穴閘門共有十餘處如江浦司屬簡村堡之吉水竇先登堡之陳軍涌竇海舟堡之李村竇麥村竇九江主簿所屬鎮涌堡之鎮涌竇石龍竇河清堡之河清上下竇九江堡之惠民閘文昌橋閘沙頭堡之新涌竇等處俱經各鄉居民自行出費自行承修均已完固其自出之費係因各竇閘內外或有桑地魚塘或有居住店鋪所收租銀歷來各爲歲修之資此次通修桑園圍基工程浩大南順兩邑公捐之銀實有不敷各處竇門竇穴力難兼

顧是以始初通圍公議卽經議定各處竇門竇穴概行
照舊各鄉居民自修不准動支總局公捐之項卽如民
樂市竇現有店房九十四間每年收租不下五六十金
該鄉居民止於竇上畧爲粘補卽將餘銀聯同派分以
致竇門如此朽壞若因其觀望延遲背違前議獨將公
捐銀兩撥給帮修無論該處竇門竇穴已修未修均得
藉詞羣向總局索費萬喙齊鳴無可排解且竇門竇穴
蓄水洩水祇便本鄉兼之房地租銀歷世安享利旣專
歸一隅工亦惟一隅是問其修圍基總局之公捐銀兩
斷難撥給帮修各處竇門竇穴致啓紛爭有悞基工等
情僘廳等覆加確查委屬實情伏查南順兩縣去歲公

捐銀兩計共肆萬伍千有零隨經築復各處被沖基身
併全圍增培土石各工業已支銷盡淨報竣後荷　蒙
藩憲暨本府及堂臺臨工察看以近海險要處所尚需
壘石培護以期歷久安瀾飭委儆廳等確估共需銀玖
千陸百餘兩通圍紳耆齊集公議照各堡籤題原額加
二添捐南邑該銀六千兩順邑該銀三千兩其餘不敷
之銀蒙　各憲捐廉佽助近聞順邑紳士以修本處子
圍為詞疊次推諉恐難照數添捐所估落石各工正難
辦理所有民樂市竇穴雖經潘才一等修整完好尚需
內外加砌石塊仍應請照向例飭令該鄉值年等自行
承辦并着承辦值年出具保固各結儆廳等親赴勘明

加結轉繳其總局首事梁廷光李昌耀等向不經理竇
門竇穴應請免其出結俾事有專責結無濫加實爲公
便等情准此卑職覆加體察委屬實情除該處竇門竇
穴先已移行准據九江主簿江浦巡檢覆稱押令雲津
百滘兩堡承修值年首事潘才一潘曰千等已於本年
正月初十日購料興工至二十日趕築完固取具潘才
一潘曰千保固甘結加結經繳　藩憲暨本府在案嗣
奉飭行加培石工仍應雲津百滘兩堡值年首事潘才
一等承修除移行催令雲津百滘二堡速將應行添捐
加二銀兩照數清繳支應并令承修該竇之值年首事
潘才一趕緊培石完固出具切實保固結狀加具印結

申繳察轉其總局首事梁廷光李昌耀等係屬專管基
身工程並未經理竇門竇穴之事應請免其出結理合
據實詳請察核轉詳以便轉飭遵照等由到府據此卑
府伏查桑園圍内各處竇門竇穴既據南海縣移行九
江主簿江浦巡檢查明向例均係各鄉自行出資修理
民樂市竇亦係雲津百滘兩堡居民派收自不便在於
公捐項内動支亦毋庸首事梁廷光等具結除民樂市
應砌石工仍飭雲津百滘兩堡值年首事修竣具結另
行加結申繳外理合具據情詳請　憲台核示飭遵除
呈　督憲外爲此備由具申伏乞照詳施行須至書冊
者

嘉慶元年七月　十八　日知府朱　詳
督憲批　仰東布政司檄明飭遵具報繳奉此除行廣
州府轉飭遵照外查民樂市竇門竇穴既經雲津百滘
兩堡居民派修完固自不便在於公捐項支動支亦毋
庸首事梁廷光等具結共應砌石工應令轉飭雲津百
滘兩堡值年首事潘才一等迅速購石砌築堅固統限
一月內　備竣竇穴一并取具保固甘結由縣府加具
印結通繳查核合將飭遵緣由報覆　憲台查核伏乞
照驗施行　報督院
布政使司陳　批　仰即飭令雲津百滘兩堡首事潘
才一等迅速購石砌築堅固限一月內連各竇穴一併

修竣取具保固甘結由該縣府加具印結詳報核轉毋
任延悮仍候　督憲批示繳

桑園圍欵項從粵東省例錄出

南海縣所屬之桑園圍界連順德爲全省最衝最險最廣之圍關係最要前因土堤易圮嘉慶二十二年奏准在藩糧二庫借動銀八萬兩交南海順德兩縣當商生息每年息銀九千六百兩以五千兩歸還原借本銀以四千六百兩作爲歲修之用嘉慶二十四年紳士伍元蘭等捐銀十萬兩改建石堤無需歲修卽將前項歲修銀兩歸入籌備堤岸項下聽撥其應歸原本銀兩於補足後業已撥充捕盜經費道光十三年桑園圍基被水沖決需費繁鉅捐項不敷

奏請卽在籌備堤岸項內歷年存貯歲修本欵息銀支用如

本欵不敷動支先於藩庫籌項借給仍俟續收歲修息銀歸補如工程過大費用過多借項未便久懸亦應酌定年限除續收歲修幾年歸補若干外餘銀仍應由該圍分年按糧攤征歸欵道光二十四年該圍復決卽援照十三年辦過成案奏明辦理

己酉歲修紀事

案桑園圍自嘉慶戊寅蒙端揆宮保前督憲阮文達公
借前撫憲陳公若霖以鄉先生少司馬溫質坡公之請
奏准借帑八萬發商生息遞年以五千兩還帑本以
四千六百兩發桑園圍歲修之用次年己卯卽發給息
銀四千六百兩通修圍隄以訓導何毓齡舉人潘澄江
二先生董其役此我桑園圍歲修之嚆矢也嗣因盧伍
二紳捐建石隄由是歲修不舉比歲修息積貯司庫待
潦漲圍潰搶築無措始籲請　憲恩補偏救敝如道光
癸巳甲辰一築海舟堡三丫決基借帑四萬餘兩蒙前
督憲盧　以歲修息撥抵三萬九千餘兩一築雲津堡

林村決基蒙前督憲者　給歲修息一萬兩俾蔵厥事是皆臨時籌欵具有　奏案昔賀坡六先生創議歲修其作後修隄記有曰未雨綢繆務臻鞏固與其救之於事後孰若防之於未然慮至深遠也戊申仲秋海風大作鎮涌堡之禾义基坭龍角石隄有剝卸撼動者海舟堡天后廟石坡多有隨流汩沒者圍內紳業以該基當太平沙梗流之冲若不思患預防江潦湍悍勢必日朘月削潰敗不能復救自此以外土石之損者卑者薄者所在皆然於是集議通圍僉謂宜體未雨綢繆至意因以其事聞諸當道蒙督憲爵部堂徐　撫憲爵部院葉
奏准動撥本欵修息己酉春奉給銀一萬兩闔圍公

舉前開建縣儒學何子彬候選教諭潘以翎董其事度
其險易繁簡環東西隄而通修之其所爲弭患於未萌
且並能復己卯歲修之舊奠之磐石固於苞桑計至善
也考己卯志卷首有歲修紀事一編茲以事原相類故
亦序其緣起列諸簡端特加己酉字以别之使閲者知
其所自所有　奏稿禀報各要件編列如左

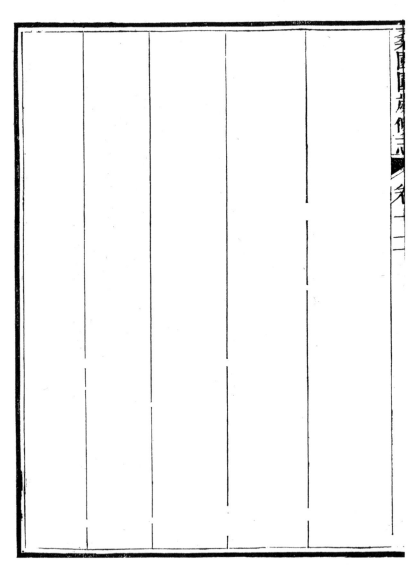

道光二十八年十二月十九日　兩廣總督臣徐　廣東巡撫臣葉　奏爲南海屬桑園圍基卸陷請撥歲修息銀築復恭摺奏祈
聖鑒事切照本年九月間省城陡發颶風南海等縣民房船隻田禾圍基間有損壞先經臣等委員勘不成灾妥爲撫恤附片奏
聞並聲明桑園圍基多有傾卸工費較繁已委員覆勘再行酌辦在案兹據委員候補直隸州知州彭澤會同南海縣知縣張繼鄒馳赴該圍勘明禀覆桑園圍西基内頂冲險要之禾㕚基𡋯龍角石隄二段及廟前土隄一段均已坍卸激動又河清九江兩堡交界處所及土

名大洛口蠶姑廟各土隄並沙頭堡韋馱廟前石隄亦
俱冲刷折裂低薄浮鬆其餘各堡圍基或間有損動情
形亟應分别修築加高培厚核實確估約需工費銀一
萬餘兩體察民力實有未逮議請撥給銀兩飭令各紳
士雇工購料趕緊修築等情由司核明詳請具　奏前
來臣等伏查該圍籌備歲修生息一項先於嘉慶二十
二年在藩糧二庫提銀八萬兩發交南海順德二縣當
商生息每年得息銀九千六百兩以五千兩還本以四
千六百兩爲該圍歲修之用嗣因紳士伍元蘭等捐銀
十萬兩將該圍改築石隄此後無須歲修每年將歲修
息銀四千六伯兩歸入籌備隄岸項内備用其應歸本

銀五千兩續奉行令八季報撥歸道光十三年桑園圍
被水沖決先後在司庫借領銀四萬九千八伯八十四
兩八錢八分三厘經前督臣盧
奏明以一萬六千二伯六十九兩八錢八分三厘動支
該圍歲修銀再以二萬三千兩將該圍每年應得歲修
息銀四千六伯兩按年儘數扣收毋庸征還尚欠銀一
萬零六伯一十五兩分限五年攤征又道光二十四年
被水該圍患基甚多經前撫臣程　會同督臣耆
奏准動支歲修息銀一萬兩給發紳士領回培築毋庸
歸款各在案數年以來水石沖激本年九月内復被颶
風擊刷土隄石隄多有坍卸傾裂亟應修築培補惟工

費較鉅民力實有未逮相應仰懇
天恩俯念基功緊要准照道光十三年暨二十四年等
年成案在於該圍歲修生息款內籌撥銀一萬兩發交
南海縣轉發該圍紳士人等領回由縣督飭興修尚有
不敷即由該圍殷戶捐足支用俟工竣核實驗收將動
撥之項造册報銷務使全圍一律鞏固以資捍衛其請
撥銀兩應即就款開銷毋庸歸還第本款息銀現存銀
三千一百三十二兩不敷支撥請在籌援隄岸項內借
足仍將桑園圍每年應得歲修息銀四千六伯兩按年
儘數收還歸款是否有當云云
道光二十九年正月二十六日奉

上諭督臣徐　撫臣葉　奏請撥項築復桑園圍基一摺廣東南海縣屬桑園圍基既據該督等查明該處數年以來水石冲激上年九月內又被颶風擊刷土隄石隄多有坍裂着准其援照成案在於該圍歲修生息款內籌撥銀一萬兩發交南海縣轉發該圍紳士領辦即責成該縣督飭興修工竣核實驗收務使一律鞏固以資捍衛仍將動撥之項造册報銷餘着照所議辦理該部知道欽此

案桑園圍之有志始於乾隆甲寅大修歷嘉慶丁丑續修己卯歲修庚辰捐修皆分類詳載至道光癸巳志則彙前志而集大成特仿浙江海塘志例

以　奏稿冠全書之首戴

皇仁也而　列憲勤民之德亦見焉廿四年甲辰志悉

因之茲仍援照癸巳志例採輯　奏稿於前其欽

奉

上諭敬謹備錄仰見　大憲軫念民依灑沉澹災如恐

不逮閭閻士庶應知

湛恩普被之有自後之君子有志歲修者亦得援照成

案嗣前徽而勉後效云爾

聯請歲修公呈
具呈桑園圍南順兩邑紳士候補教職舉人何子彬舉
人潘以翎朱士琦明之綱冼文煥張應秋朱畹蘭梁謙
光潘夔生余秩庸潘漸逵李徵霨張清崴陳文瑞傅正
常岑灼文李雲驅關鸞飛關鴻程貴時李文照程師儉
梁作楫崔茂齡馮日初崔藻球崔維亮馮汝棠鍾澄修
朱堯勳朱文彬關仲瑒潘躍鯨余朝憲武舉李應揚吳
樂榮李芬陳廷献陳堅副貢潘斯湖朱廷森歲貢郭傑
縣丞潘廷煇職員陳謨何棠芳李孟高生員馮汝柏程
翔萬關昌言梅許伯黎銘秋周鶴翥何玉梅陳華澤陳
治同潘縉儒潘廣居冼瑞元梁觀光關簡關俊英何文

卓何如鏡監生何濂何邦任陳鴻猷　呈爲險基郎陷
籲請　憲恩撥領歲修築復以拯糧命事竊照桑園一
圍地連南順兩邑隄長環繞九千餘丈適當西北兩江
之衝圍內烟戶百萬餘家貢賦千有餘頃全藉基圍以
資捍衛每遇潦漲兩江之水建瓴而下培護稍疎卽成
澤國前於嘉慶二十二年蒙　前憲軫念民力維艱奏
奉　恩准借給帑本銀八萬兩發南順兩縣當商分領
生息遞年應得息銀九千六伯兩以五千還本四千六
伯兩爲歲修之用嘉慶二十四年蒙　前憲給發歲修
本款諭令冬修惟經費有限不能一律施工隨據盧伍
兩商捐銀十萬兩爲全隄加培高厚並於頂冲險要基

段改築石隄雖洪流湍急鞏固無虞無奈水石冲激陡險異常不數年間迭遭潰決圍内居民均形拮据所以道光十三年蒙　前憲給發歲修本款銀三萬九千餘兩二十四年又蒙　前憲給發歲修本款銀壹萬兩修築全隄均臻完固夫以九千餘丈之隄東補西缺歲不一修即多損壞伏查該圍西基沿海一帶本年因颶風擊刷於十月初旬鎮涌堡禾乂基石隄劈卸兩處共長十餘丈坭龍角石塊傾陷者六十餘丈海舟堡天后廟前土隄塌卸四十餘丈九江堡大洛口土隄蠶姑廟前石隄沙頭堡真君廟前石隄俱多拆裂共約長八十餘丈九江河清兩堡分界基段單薄應培者七十餘丈其

餘多有塌卸倘未悉數且各隨隄身類多壁立隄根日久刷成深潭均係頂冲險要之基自應分別用土用石砌築及填潭築壩以殺水勢約估需工料銀一萬餘兩方可集事雖業戶遞年各自培護然皆補苴滲漏未能大修況石堤石壩動用非少現值兩遇颶風晚禾收成更歉再勒以按糧科派民力維艱即或勉强支持又慮工程草率明年潦漲抵禦綦難仰覩　大憲保民若赤之心並念圍民左支右絀之苦籲請撥給歲修本款息銀一萬兩趁此冬晴水涸擇吉按段興修從此全隄鞏固闔圍咸享樂利之休永戴鴻慈於不朽矣切赴

督憲爵部堂徐大人批

據呈桑園圍基沿海一帶兩遭颶風多有傾陷坍卸處所自應趕緊修築以資捍衛惟所估工料銀兩是否確實應否在於本款生息撥給之處仰東布政司委員會同南順二縣確切勘估妥議通詳察奪

撫院爵部院葉大人批

據呈桑園圍西基一帶被颶風擊刷多有傾陷聯請撥項興修等情仰布政司迅即委員馳往確切勘估應否准其撥項修築由司確核妥議詳辦粘抄並發

南海張邑侯批

查桑園圍基當西北兩江之衝圍內烟戶眾多皆賴此隄以捍衛遇有損壞急應隨時修復未便稍涉膜

視今據稱該圍西基一帶多有坍卸傾陷及拆裂單薄沖刷成潭之處惟旣係因風所致則應在七八月間何以轉至十月初旬始行擊壞且未據卽時赴縣呈報經管之九江江浦司亦未報縣有案所請撥給修費又至萬餘兩之多究竟有無冐揑應否如數詳撥姑候分别移行查勘覆奪保狀附

南海縣張移請九江分縣查勘文　爲移請查覆事現據桑園圍　云云等情據此查該圍石堤土隄因風欄卸未准移知有案據呈前情除扎江浦司查覆外合就備移爲此合移　貴廳希卽會同江浦司親詣該圍查照該紳等所開各處石隄土隄勘明果否因風劈卸傾陷

實有若干丈尺應否撥款興修逐一查勘明確繪圖詿
說刻日移覆過縣以憑核辦請勿有遲施行
九江分縣鄧勘覆牒文　爲確勘繪圖牒覆事今月十
七日准　堂台移開云云等因准此敝廳遵於次日輕
騎減從窮兩晝夜之力週歷所報應修基段勘得王簿
屬之鎮涌堡禾义基石塊崩缺量長市排尺一十一丈
五尺埞龍角石塊崩缺量長市排尺六十二丈二處當
西江之水建瓴而下洵爲全圍衝要且年前若不趕修
春水一發卽人力難施江浦司海舟堡天后廟前基段
崩榻當衝亦與禾义基埞龍角相等其丈尺應由江浦
司巡檢申報估得此三段洵爲最要最險刻不可緩之

工程詢其何不早由地方官禀報僉稱八九兩月颶風二次大起後河水未落察看不清十月初水落始知崩卸恐禀官請款輾轉遲延是以聯名禀赴　各大憲轅下等語諒係實在情形至主簿屬之九江堡大洛口土隄蚕姑廟前石隄據該基總禀稱微有滲漏應列爲次要之工九江河清兩堡分界基段稍形單薄沙頭堡真君廟石隄略有裂縫均應列爲再次之工至統計實需工料銀若干兩　做廳職本微員素未經手錢糧且署中無諳練書吏工匠碍難估報理合繪圖註說備文牒呈

堂台察核請於文到三日內飛禀　藩糧憲遴委正印賢員帶同熟工書吏辦隄工匠逐段按估迅爲籌款撥

修實爲公便須至牒呈者

計牒解基圍形圖一紙

藩憲委員彭南海縣張會勘詳文云云等因奉此卑

職等遵即前往桑園圍西基一帶督同主簿巡檢傳集

紳士何子彬等查勘得鎮涌堡土名禾义基石隄一段

量長一百零二丈內石塊坍卸一十二丈其餘九十餘

丈均有破水激動形迹又相連之泥龍角石隄一段量

長九十二丈內石塊坍卸六十五丈其餘二十七丈亦

有被水激動形迹又相連之海舟堡天后廟前土隄一

段長六十五丈五尺多被坍卸基脚原有碎石堆護現

皆傾脫以上三段首尾聯射外無淤坦基身壁立西北

兩江之水合流而來直撞基身最爲險要必須分别用土用石修築完固以資捍衛又勘得河清九江兩堡交界處所土隄八十丈其基底尚屬寬厚惟近基面二三尺不等閒有被水冲刷頗形單薄又九江堡土名大洛口土隄一段長一十八丈又土名蠶姑廟一段量長一十六丈亦因被水冲刷較爲單薄又沙頭堡真君廟前石堤一段量長一十八丈畧有拆裂形迹以上各段雖非冲要比諸禾义基工程較減惟亦須分别用土用石加高培厚以防潰決詢據該圍紳士何子彬等僉稱工程浩大需費不貲是亦實在情形應由各紳士自行督飭工匠逐段撙節估修工竣列册報銷所有工料細數

一時碍難預估惟圍基要務民瘼攸關似應俯如所請
准其撥給銀兩趁此冬晴水涸雇工購料趕緊興工修
築未便稽延再查坍卸處所均係卑職 地方並非順德
縣管轄界内應請毋庸會勘合並稟明

請給歲修呈

具稟承修桑園圍基首事舉人何子彬潘以齡爲請給
修費以資工用事縁桑園圍基前被颶風塌卸土名禾
义等基土石各隄先經合圍紳士聯請撥給本款歲修
息銀築復以資保障蒙 恩詳奉 各憲准給與修現
議舉人等董理其事自忖識淺才疏工程未諳奈衆情
所推舉義無可辭所有塌卸各基及全圍應行培修段

落務宜核實估修總期工歸實用帑不虛支刻下正宜諏吉購料集夫修築一經興工在在需支只得備具領狀繳赴 台堦請給修費以應要工并在工夫役良歹不一恐有怠惰偷安酗酒滋事或恃衆阻撓藉端爭鬧等弊仍請發給告示曉諭嚴禁一俟興工有期另行呈報外理合禀候

父師大人台前　恩准施行

計粘領狀一紙

歲修禀報興工日呈

具禀督修桑園圍首事候補教職舉人何子彬候選教職舉人潘以翎爲報明興工日期仰祈詳鑒事切紳等

桑園圍地連南順全隄保障糧命攸關去年八九月兩
遭颶風禾义基及各處石隄土隄均有坍陷所以於去
年冬月內闔圍紳業籲請歲修本款銀兩一律修築幸
蒙
列憲恩准撥給在案今年正月初八日赴縣領銀
諏吉於正月十二日興工先由禾义基及各險處逐段
趕緊修竣以資捍衛務使工歸實用費不虛糜以無負
列憲軫念民依之至意除稟　各憲外理合將興工
日期稟報　台堦伏乞轉詳實爲德便爲此切赴
太爺台前詳察施行

歲修報竣呈

具稟督修桑園圍首事舉人何子彬潘以翎爲報明修

基工竣日期仰祈詳鑒事緣桑麻圍土名禾乂等基上年八九月內被風雨塌卸土石各隄先經闔圍紳士開列應修段落禀蒙　各憲撥給本圍歲修帑息銀一萬兩交舉人等領回趕緊興修卽於圍內各堡基段遍歷查勘除塌卸處所分別用土用石修復外尚有低薄之基俱皆一律培築高厚以資保障所領帑息修費銀一萬兩各基主業戶仍按段科捐二成銀兩以助修費計自本年正月十二日興工起圍內居民踴躍從事至閏四月二十三日各段土石工程俱皆一律完竣從此全隄鞏固永慶奠安皆荷　仁恩所及也除將工竣日期禀報　縣憲暨江浦司九江廳外理合禀候

太翁台前察核施行

署南海縣馮　批

桑園圍士名禾乂差等基工既經一律修竣候即驗明轉報至用過工料銀兩該首事等並即妥造清册出具切結另繳核辦勿延爲要

全隄告竣聯謝公呈

呈爲隄工完竣奠安永賴聯謝　鴻恩事竊惟平河紀效甫匝月而成隄紹郡承流築三江而立閘塞長塘而防海建高堰於平津此皆挽頹波於岍決山排之後而非障狂瀾於風飄雨剣之時彬等桑園圍地逼海隅生當河曲竈居樹上屋隱蘆中占蛟宮而卜宅是水耕火

疇之鄉蟠蚤穴以建基繫一髮千鈞之任即使蜿蜒如故潰敗未成固己形同累卵之危勢等朽索之馭者矣去年八九月兩遭舊風一江新漲狂翻颶母望澤國而天黃掀動波臣訝荆門之水鬥慨長隄之剝蝕將羣姓兮其魚爰憫江鄉鳧沒李垂陳捍海之圖中澤鴻嗸賈讓奏治河之策伏惟　父師大人馴雉鄰封飛鳧邑境悉下情而上達先軫念乎民依汲長孺便宜從事騰茂實而著循聲范文正憂樂關心對蒼生而無愧色籌桑園之專款繕槐里之環隄諾宣金鼎先須一朶紅雲錢發水衡不待十行　丹詔彬等恭承　明命仰體仁懷王尊立水沉白馬以明心武肅禦潮向長鯨而控弩於

是驅五丁之石剔穴搜巖掘萬刦之灰誅茀刈棘江革
移舟增颿檣而重載陶公運甓雜竹木以宣勞豈比竊
來息壤遂堙洪水於九年載就蘆灰漫止洪流於一瞬
也哉其禾叉基處所地當德棣之衝施功彌急水蓄梗
漂之狀用石尤多他如波灣鸛嘴護以雲腴岸堵龍坑
培之膏土總會計夫全堤大半增其高厚興修於正月
十二報竣於閏四月二十三竭東南之民力定應胥種
効靈費巨萬之金錢頓使蛟鼉避道從此虹形偃水慶
成乎而治媲蘇堤蟹堁宜禾須安瀾而功垂禹甸矣彬
等謹將感激微忱聯叩　各憲外合先肅稟
父師大人台前察核施行

廿九年七月　　　十三日稟

批桑園圍禾乂等基上年迭遭風雨剥卸堪虞　大憲軫念民依　奏給修費俾資工築所賴諸賢紳不辭勞瘁督辦認真土石各工悉臻完固具見情殷桑梓經理得宜實堪嘉尚當就地察看督令基總業戶人等隨時酌加培護以期歷久鞏固永遠綏安是所厚望也

藩憲委員周署南海縣馮會同驗收稟覆文　廣東雷防同知周世烜署南海知事馮沅謹稟

大人閣下敬稟者竊照卑南海縣屬桑園圍土名禾乂基等土石各隄於上年八九月間被風塲卸當經稟奉

奏撥該圍歲修本款生息銀一萬兩轉給該圍首事
舉人何子彬潘以翎等購料興修嗣於本年閏四月內
據報土石各隄一律工竣經將工竣緣由通報在案茲
奉
藩憲轉札行飭委卑職世烜會同卑南海縣前往
桑園圍將修竣各段隄基工程逐一驗明出具切結並
催令各紳士造具用過工料銀兩細册詳繳以憑核明
詳辦等因奉此卑職沅並奉札飭前因卑職等遵即會
同前往桑園圍傳集紳士何子彬潘以翎等周歷查驗
查勘得工程最大之土名禾义基石隄一道長一百餘
丈所有剝落坍卸之處俱用新石砌築堅固另在基角
壘築大石壩一道長十四丈高二丈五尺面寬七丈以

殺水勢又相連之土名坭龍角石隄長九十餘丈亦用新石築復完好基外築有子壩一道長八丈高二丈一尺五寸面寬五丈兩處基腳一帶仍用碎石堆護高至基膊止工程最爲結實又勘得天后廟前卽鶴嘴基土隄一道長六十餘丈砌用新石舂築堅厚基腳亦均用碎石堆護其餘九江堡沙頭堡河清堡先登堡簡村堡雲津堡各處或土工或石工俱已一律培厚加高修築完固委係工堅料實足資捍衛圍內各紳庶莫不蹈舞

皇仁感戴 憲德現在田禾秀茂地方安靜堪以

上慰 慈懷除由卑職諭飭該紳等隨時防護遇有鬆卸立卽修補以垂永久並將該紳等繳到工料細冊另

文申請核銷外所有會同查驗過桑園圍修竣各隄基
工委實堅固緣由理合出具切結禀候
憲台察核除禀
督撫憲暨
藩糧憲外 卑職 謹禀
雷防同知周 世烜
署南海縣馮 沅 今於
與結爲具結事依奉結得奉委會勘過桑園圍土
名禾义等基修竣各工程委係工堅料實一律完固中
間不冒合具印結是實
一具結
附錄先登堡禀

具呈舉人梁謙光生員蘇應銓李應剛梁觀光監生李殿光李繼遠職監梁覲揚李健林職員李健傳李鼎勳李堅李森呈爲上流要險基患堪虞聯懇轉詳撥款修固事竊以鄉民首重乎農桑園基全憑於鞏固緣桑園一圍本年兩次颶風擊陷基隄未報原擬派捐修復無如晚禾歉收無力捐築十一月內經舉人何子彬等呈請
督撫二憲撥給歲修經費銀一萬兩當蒙委員查勘因此時患基只列數段其餘各基遼遠未及遍舉地名不能繪圖呈報經委員先抵鎮涌九江沙頭海舟四處基隄巡視其餘先登堡之龍坑鳳巢鄧林橫岡稔岡茅岡圳口鷺埠石等處一帶上流頂冲基段未及履勘是

以呈報莫及切思基叚雖分浸灌則一偏隅有災累及全圍本堡患基最險者龍坑圳口其次鄧林鳳巢橫岡鵞埠石等處亦多單薄削立滲漏坍卸處所非用灰石春築不足保固但工費浩繁計動數千金方能堅築若不趁此隆冬興築來歲西潦漲發難於抵禦下流堅築亦無所用先經呈蒙　藩憲委員卸羅定州彭前往確勘只得聯懇　憲恩伏乞迅賜轉詳請於本年撥給經費俾得修固免滋再患萬戶沾恩切赴

南海縣張批

查先登堡各處應修基叚已奉委員會勘禀覆各憲在案仍俟奉到批行轉飭遵照辦理保狀附

附錄　藩憲委員彭南海縣張會勘先登堡基詳文

謹將奉委會勘過卑南海縣舉人梁謙光等呈報桑園先登堡各段基工情形列摺呈核

一勘得先登堡自首至尾鵞鴦埠石茅岡圳口橫岡稔岡鄧林鳳巢龍坑共八段每段二百餘丈或數十丈不等內外草皮俱皆安貼並無被水冲刷因風掀動形迹惟各段基身均不高大而鄧林一段尤其單薄據各該段衿耆指稱因基工浮鬆每遇夏潦漲發由基底滲漏之處不可勝數節年以來釘樁槍築方保無虞必須再行培厚加高以防潰決再龍坑一段老基之內另築子基

一條有數年前鈌口一個頂濶四丈五尺橫穿三丈五
尺離老基較遠非切要之工應歸該業戸自行堵築
歲修總理何子彬潘以翎　協理何省蘭何昭獻何文
遠黎澤聰任肇修潘開傑
全圍按叚派款培修清册
案歲修莫要於籌款籌款既得董事者自應秉公辦
理按基叚險易匀派使全圍均沾實惠其險患衆著
者固宜多與修費吃緊用力卽基非甚險而土薄隄
低者仍須量給修費加高培厚以備不虞要在基主
業戸不以歲修銀爲充公濫費之資而以爲防潦築
隄之用則不論多少皆於基有益絲不虛糜況遇有

基决科稅必派通圍若歲修領項僅利及偏隅同苦
不同樂人心恐難帖服此次歲修原呈祗聲敘禾义
基堤龍角天后廟大洛口蠶姑廟真君廟及九江河
清分界處共七段追奉給銀後預貯公費部費餘銀
盡數派定通傳各堡到領除原呈七段外東西隄一
律按派同時興修以禾义基爲最險修費最鉅總局
設南村首事協同基主督辦其外派修之處基主領
銀自理首事仍隨時巡察并議官項之外各加二揖
修以助公用以專責成嗣後遇領歲修允宜照式通
派其派修之數或今日多而異日少或今日少而異
日多由首事隨時酌定不能膠柱鼓瑟在基主亦不

必圍占便宜應聽首事酌派宜多宜少無非審時度勢豈能任意軒輊此次先登堡於圍衆公禀後獨自補禀妄有覬覦後所派者卒不逾原議三百之數可爲明鑒否則人人爭執築室道謀徒令首事無所適從耳至向例凡派修費止及濱海大圍不及圍裡子圍此次大桐堡白飯新慶兩子圍亦有修費派及衆議以該處當大圍之腹每遇潦決則雲津百滘簡村先登海舟鎮涌河清金甌大桐九堡均受其害與他處子圍不同故權宜從事然與向例畧殊恐他處子圍藉端生議下次歲修是否合派應俟後賢相機而行是又未可與大圍一概論也

領歲修銀壹萬両

鎭涌堡

南村管基派銀肆千両

自鐵牛界至埧龍角石隄砌舊添新隄裡用灰沙舂實雜以塊石爲骨計長四十三丈又自鐵牛前石隄起盡埧龍角無石隄處隄脚通壘蠻石另隄外北邊築大壩一道南邊築子壩一道共用蠻石壹千六百餘萬斤又自鐵牛界起盡南村管基其土隄俱加高培厚計長二百八十丈〇此次歲修全力辦石旁及土工下次歲修應自埧龍角起至南村石龍分界處再將土隄鑲濶丈餘從基外桑

地鑲起施工較易如此則隄益堅壯其南邊子壩
亦宜用石續長壩下桑坦始可永保無虞
石龍鄉管基派銀壹伯両 基面培土
鎮涌鄉管基派銀壹伯両 土工加高培厚
海舟堡
天后廟前鶴嘴基派銀壹千両
廟前加壘蠻石又自廟前起至南村側一帶土隄
增培又附近鐵牛界石隄舊多傾卸今砌回〇該
處江潦直射擊動基身廟後深湖大爲基患此湖
亟宜漸次填復填得一尺則收一尺之效下次歲
修當由外堡首事協同該堡紳士開局督辦內填

湖外築壩此上策也若向土隄用力終是基根浮
軟顧奴失主
麥村管基派銀肆拾兩 基漏舂實
李村管基派銀陸拾兩 修葺石隄

先登堡
派銀叁伯兩
龍坑鄧林鳳巢茅岡圳口稔岡橫岡鷺埠石八叚
俱土工

河清堡
派銀伍伯兩 加高培厚俱土工

九江堡

派銀伍伯柒拾兩
土石分叚雜施○九江堡管基至長而大洛口蠶
姑廟等處緣海中古潭沙梗流江潦從沙頭分流
直注爲最險患之區下次歲修應由外堡首事協
同該堡紳士督辦於大洛口蠶姑廟一帶多設石
壩以殺水勢工程之要與海舟堡天后廟同不能
緩視
甘竹堡
派銀捌拾兩 土工修復患處
雲津百滘兩堡
仙萊基派銀壹伯兩

自北帝廟前至基角處用土培高又於五顯廟前用土加修廿四年患處○該基頂冲險要與吉贊橫基同此次歲修以基低屢溢而急於加高尚未培厚下次歲修應從基角處培濶丈餘然後此基厚重有力

林村潘姓管基派銀貳拾兩 土工

林村黎姓管基派銀伍拾兩 基中春灰墻一道餘用土培

林村陳姓管基派銀伍拾兩 康公廟前用土加高餘則培厚

民樂市竇旁基派銀肆伯壹拾兩

竇左邊基用土培濶併用條石結砌數層護土計長二十餘丈又於竇左邊基面至北頭路閘均用

土加高又於竇右邊基添石結砌
藻尾鄉吳姓管基派銀壹伯捌拾両
用土加高培厚其吳宅祠後一帶基脚用蠻石疊
砌
藻尾鄉張姓管基派銀伍両　土工
藻尾鄉潘姓管基派銀貳拾伍両　土工
雲滘兩堡基向日低薄過甚經此次歲修各行加
高無潦水溢面之虞然高或有餘厚則不足下次
歲修自林村起至民樂市北頭路閘又自民樂市
南頭路閘至藻尾鄉高田竇均應一律用土培厚
患伏於微防維須密

簡村堡

派銀貳伯兩

二十七戸分管各叚灰土雜施其實面公基用土培高　吉水竇旁西湖村基比簡村堡基低尺餘水易溢面然不入二十七戸經營之內下次歲修當於簡村堡派款外另將銀撥派西湖村着其用土加高與簡村堡基一式始免參差

沙頭堡

派銀肆伯兩　萬安渡頭上下舊壩添壘新石餘俱土工

龍津五鄉基派銀肆拾兩　土工

龍江堡

派銀壹伯両土工加高培厚

吉贊橫基

派銀陸拾両基漏春實

另派大桐堡白飯圍銀壹伯両新慶圍銀壹伯両撥修
河神廟銀壹伯貳拾両零肆錢壹分壹厘
撥充南村總局費用銀貳伯壹拾柒両六錢叁分玖
厘暨部費房東司事酬金省館使用共銀壹千零柒
拾壹両玖錢伍分

通共支銀壹萬両另各堡業戶自行加二捐修不在此數內

已上各叚其中補証善後章程特就確見深知者畧
陳梗概然以萬餘丈之基耳目難遍遺脫尚多況

浪激雨破數年之間往往安危頓異形勢懸殊異日董事者更宜博采輿論躬親履勘據補註之所及以盡其所未及然後動中要害功歸實效

購石章程

案盛潦非石不能禦而採石尤難於取土我桑園圍前後用石其購辦經行成法查志載各船到埠初次於船頭尾量准水則編列字號用紙單註明丈尺蓋上圖記實粘船裏下次查照原字號為准不用再秤據此亦便宜從事之道然石船奸僞百出照舊章每為所欺用銀多而得石少此次辦石自始至終俱輕重明秤又不用攬頭直向各石船商定初議每萬斤

價銀壹兩玖錢晚春以後西潦漸長輓運較難比邊大壩衝激尤甚因於原價外石壹萬斤量加五分或至壹錢每船用秤一杆三人經管一人執秤一人書重數一人旁立關防船戶設詐如遇石數十艘齊到則開秤以八杆或十杆爲度仍一船一枱秤各船挨次先後秤去石船到埠向局掛號先到先秤魚貫而進秤石之人非常川住局向南村何任潘三姓選定每人每日工銀陸分局總供膳石船到時一呼並集秤畢則先後退去下次船到亦然局用畧省且免喧閧各秤俱總局設置每日開工由局攜去收工時飭分繳局其秤石每船三人仍隔日彼此船移換以杜

賄囑舞弊又志載凡石聽首事指點安放法固不可易然猶有未盡者船戶依樣拋擲石與基身往往不相依附難收實效今收南村基於石船落石之後另雇散工將石扛護基身壘成坡樣其石隄得鑾石貼傍則隄腳益堅其土隄得鑾石貼傍亦無崩卸之虞南北二壩均用散工收拾整齊小石在下在內大石在上在外潦東駛不能遽動故此次南村基得石最多工程最固謹綴此條於派欵清冊後爲修基購石者備一法焉

廣東布政司司柏　爲題估等事咸豐元年閏八月
十五日奉
巡撫廣東爵部院葉　案行咸豐元年閏八月初二
日准工部咨都水司案呈工科抄出廣東巡撫葉等
題南海縣道光二十八年修築桑園圍基工程需用
銀両造册題估一案道光三十年十二月初十日題
咸豐元年四月初五日奉
旨該部察核具奏欽此欽遵抄出到部該臣等議得廣東
巡撫葉等疏稱南海縣屬桑園圍基被風卸陷先經
臣葉　會同督臣徐　於道光二十九年正月二十
六日奏奉

諭旨准其動撥歲修息銀一萬兩給領興修俟工竣之日造
册報部核銷等因當經飭行遵照兹據廣東布政使
柏　詳據署南海縣知縣馮沅詳稱將該圍土石隄
工程一律培厚加高共用過土石銀一萬二千零五
十四兩零七分四厘除領銀一萬兩外餘銀在於圍
内各叚業戶公捐湊足造具工料細册相應詳繳具
題核銷等由臣覆核無異除册送部查核外臣謹會
同兩廣督臣徐
恭疏具題等因前來查廣東省南海縣道光二十八
年修築桑園圍基工程先據兩廣總督徐　等奏明
南海縣桑園圍基因道光二十八年九月内陡發颶

風頂冲險要土石各堤多有坍卸亟應修築以資捍衛共估需銀一萬餘兩應請在於該園歲修生息款內撥銀一萬兩其餘不敷即由該園業戶捐足飭令興修等因令據廣東巡撫葉　等將前項修築桑園圍基共需工料銀一萬二千五十四兩七分四厘除各業戶公捐銀二千五十四兩七分四厘外實需工料銀一萬兩造册題估臣部查係奏明之工應準辦理仍令該撫將做過工程用過銀兩照例切實具題造册送部核銷咸豐元年五月十四日題本月十六日奉

旨依議欽此爲此合咨前去欽遵施行等因到本爵部院

准此合就檄行備案仰司照依准咨奉
旨內事理卽便轉行欽遵查照辦理毋違等因奉此查本
案修築桑園圍基先據該縣造具用過工料銀両細
册業經轉詳請銷在案兹奉前因合就札遵札到該
縣卽便欽遵查照辦理毋違須札
咸豐元年閏八月　　日札

予築復林村決口之五年與潘君鶴洲董修禾乂基禾
乂基者予南村管也其基未嘗決修之何也禾乂之比
爲海舟堡三乂基兩基毗連江中太平沙自先登堡迤
邐至斯沙盡水復合基當其衝西潦盛時建瓴東下撼
地滔天古稱龍門峽瞿唐峽其剽捍惢怒之勢當不過
是向者道光癸巳三乂基嘗決矣決口之大且深實爲
桑園從前所未有圍內淪胥之慘亦視從前彌甚環予
鄉南北古墓纍纍漂没廢徙者數百穴膏腴上地積沙
深數尺棄置不耕者十之三四幽明告哀辛苦塾隘每
一追述猶有餘痛搶塞修築費至五萬予嘗董其役焉
蓋自甲寅以後工役未有若斯之鉅者也今禾乂基石

隄被颶擊剝履霜堅冰患將至矣寻懲三丫基往事念此基若決其禍之烈將與三丫基等三丫之決民困未甦若此基又決吾其魚乎是以傳布通圍籲請帑息修而固之也是役也因禾丫而修及全圍盡防衛也然則修禾丫基與築林村決同乎曰林村基捍桑園圍之東河狹而水緩取上堅築高厚可以無虞禾丫基捍桑園圍之西江廣而流急惟積石乃能障而東之地異勢殊修之之法未可同日語也

何子彬謹跋

道光己丑築仙萊吉水決基之役先長伯思園公以基決民貧力絀義勸伍紳捐銀三萬環隄通修時　觀察

夏公修恕迭次按臨先長伯所條議　夏觀察輒題之

越四年癸巳築三丫基決借帑數萬　鄉先生鄧公鑒

堂以爲憂先長伯指授機宜　呈盧制軍節畧○查桑園圍三丫基於嘉慶二十二年沖六十餘丈業戶科銀不足借帑銀五千兩湊辦其銀係從前貯備各屬基隄公款業經按年清還無欠又道光九年桑園圍吉水灣藻尾仙萊岡各基沖決係伍紳士各銀收復並無借帑興修桑園圍通圍前後實無少欠借修決基帑銀至南海縣各屬別圍及圭簿屬鰲岸外圍有借帑未還均與桑園圍無涉其所借之帑均係乾隆八年積存貯備公項與桑園圍紳士李應揚等現在請領歲修生息銀兩不同現在請領之銀係嘉慶二十二年　桑園通圍南順兩縣紳士呈奉　前督憲阮　撫憲陳　奏蒙　恩准借　藩庫追存沙坦息銀四萬兩　道庫貯普濟堂息項銀四萬兩共銀八萬兩發交南順兩縣當商生息每年得息銀九千六百兩以五千兩歸還原借帑本四千六百兩交桑園圍歲修各基嘉慶二十四年蒙照給二十三年息銀四千六百兩修葺各基列册報給不用還款在案嗣因盧伍二商捐銀改建石隄此項息銀暫停未給道光九年吉水灣等基

沖決又經五紳捐修是以未經請領此項銀兩計自嘉慶二十三年起至道光十二年止共十五年實得息銀一十四萬餘兩除還原借帑本銀八萬兩并二十四年給銀四千六百兩歲修外尚有原本銀八萬兩仍交南順二縣當商生息未經停止又積存息銀五萬餘兩未領此項息銀係南順兩縣紳士稟奉 奏蒙 恩准借帑本銀八萬兩發交南順兩縣當商生息以爲桑園圍歲修之用專爲桑園圍而設給發歲修不用還款有案與别圍無涉亦與别圍及二十二年三丫基所借通省各項應還者不同盧伍二商捐銀大修亦止 奏明暫時停止仍聲明俟將來基有損壞再行核辦亦無 奏明不給之案理合開明送 核

遂獲請當道以歲修銀撥償而我桑園圍此歲修款自續 奏停支以來復得援據成案沐 皇仁而安樂上者賴有此也倗於先長伯無能爲役然時時追隨左右基務之要每聞而謹識之戊申冬十月闔圍人士以秋颶傷及隄岸爲防護計時斯濂乞假南歸寻勗之曰桑園圍事

先世嘗三致意繩諸祖武爾其勉之於是斯濂先向上游畧陳梗概厥後圍紳繼謁呈請遂蒙委勘隨即撥領歲修銀壹萬兩例以圍衆公推董理屢辭不獲命迺與同事何君綺堂執畚鍤爲役徒先首致力於禾乂基其餘派修各叚常督勸不敢懈工竣彙敘顛末付之剞劂不揣固陋謹仿丁丑舊志謬附已意以盡駑鈍所不逮

竊維生民之患有天有人桑園圍地跨南順一有潰決民命之瘡痍田廬樹畜之漂没不可勝數此天實爲之至於土石歲久剝落不先事培修致成巨浸滔天之害厥咎在人傳曰脩預不虞古之善教我桑園圍歲修本款歷有案據可爲防護之資

聖天子子惠元元　賢公卿奉揚
德意苟下情上達罔弗
恩膏立沛後之君子所當隨時入告以歲修之利爲桑梓造無窮之福也抑又聞之善治水者不與水爭地故禹播九河不惜棄數百里之地以殺河流前人論之詳矣鎭涌堡禾义基橫置一角於水次仲邑侯嘗謂建圍之始揣於相度即先長伯每爲翎言之然形勢已定不能復更今就其已定之勢爲善後之策積石爲壩迂水勢也壘石爲坡護河壖也增土爲塘抑泛濫也壘石爲楗固藩籬也翎所爲奉先長伯之訓偕何同事并力一心冀無隕越者如此而已矣若其勢處極險異時水激

難支如朱生論下墟古基爲河伯所必爭𫟪豈能逆知其必無哉惟安不忘危勤修勿懈庶幾永永年代久而彌固𫟪願與基主圍衆共勉之

潘以𫟪謹跋

重修桑園圍南海神祠記　南海神祠記

歲丙午冬十月連日驟雨十有二日天方曙繼之以風廟之後堂遂塌焉時值麥村梁君雨馨館其地屢

皇劍寢始護免於厄其徒某即於瓦礫中扶翊以出尋得無恙以是知

神之爲靈昭昭也廟建自乾隆甲寅乙卯間圍隄鉅工既竣僉以李村爲通圍適中之地爰立廟以妥

神并建後堂爲集事處惟時官斯土者類皆恤民隱隱體察輿情用能上下交孚一乃心力故自有桑園圍以來言隄工者皆以甲寅爲倫觀其大修告成之後於禾义基之險要處謂爲河伯之所爭固讓地而坡

之培之於竇穴之淤壞者悉令該處紳業倡修以爲
圍中宣洩灌漑而疏之導之事無纖悉次第具舉其
泛應曲當也如川之赴壑也由水之就下也莫不盈
科而後進也以視吾儕之甫謀一工甫畢一役眞不
啻跂前而躓後焉豈和衷之實難歟抑才力之不逮
歟何勞逸之懸殊而古今人不相及也故曰隄工以
甲寅爲備正不僅壯廟貌之宏規使歲時伏臘講貫
有資經畫得所而已夫士君子浮湛里社卽此一二
修廢挽頹之舉力所能致當致力焉顧爲之拘牽憚
勞而不任厥事將自矜其智而人獨愚乎況溯廟迄
今五十餘年構堂重新規模展煥於以仰答

神庥式承
靈貺則所以慶安瀾貽樂利者其在斯乎其在斯乎是役也經始於戊申九月以己酉閏四月與歲修隄工一齊蕆事其間鳩工庀材則潘君焯堂之力居多而始終在工督役者則有梁君雨馨常川到局揚確者則有何君省蘭李君芸軒彬不過隨諸君子後效奔走之勞焉爾因援筆而記其事

道光二十九年歲在己酉閏四月之望南村何子彬記

同修首首

鎮涌堡　何子彬　綺堂

百滘堡　潘　泰　焯堂

海舟堡　梁子霖　雨馨
鎮涌堡　何世文　省蘭
海舟堡　李孟宗　芸軒

前後集議章程附記

圍廟之大修也原議查照甲辰修隄通圍派捐起科銀壹萬四千兩之例壹成起科計得銀壹千四百兩除現在將後堂地臺填高二尺及通修外仍將兩邊襯祠鋪砌新安九龍石塊及兩旁青雲路一律塡砌以肅觀瞻且擬於後堂南便橫門餘地闢一南園更爲美備嗣因興工日久只有百滘河清鎮涌三堡如數先交其餘各堡起科銀兩催繳

不起復行邀集各堡先生齊赴公所再議七二折實以爲定額後來幾堡俱有尾欠未清是以各工程尚有仍舊未修者幸得甲辰隄工撥來餘羨銀貳伯両己酉歲修又復撥來銀壹伯貳拾両而且戊申圍廟值事係屬鎮涌海舟堡己酉圍廟值事係屬百滘河清堡類皆彼此和衷前後在廟箱撥支歸款然後各工料銀両始得完結至襯祠青雲路諸石工以暨南園工築是所望於後之君子焉

收支數目并附

一收撥來甲辰修隄餘存銀貳伯両正

一收圍廟箱撥來銀伍拾両正　鎮涌海舟堡值年

一收百滘堡照額起科銀叁拾壹兩零八分

一收百滘堡於起科外來長銀壹拾貳兩零八分

一收鎮涌堡照額起科銀叁拾伍兩八錢壹分叁厘欠平五分

一收鎮涌堡於起科外來長銀壹拾叁兩九錢貳分七厘

一收河清堡照額起科銀叁拾陸兩九錢壹分五厘欠平七分八厘

一收河清堡於起科外來長銀捌兩叁錢九分壹厘

一收海舟堡照額起科銀肆拾貳兩七錢九分七厘

一收先登堡照額滙交起科銀肆拾陸兩八錢正

一收簡村堡照額滙交起科銀陸拾肆兩捌分正

一收甘竹堡照額滙交起科銀貳拾捌兩四分四厘

一收大桐堡照額起科銀柒拾玖兩五錢八分九厘

一收九江堡二次共來起科銀壹百肆拾両正
一收龍江堡來起科銀壹百両正　欠平貳錢正
一收沙頭堡來起科銀伍拾両正　欠平壹錢四分
一收雲津堡來起科銀貳拾両零九錢七分六厘
一收金甌堡來起科銀壹拾両零九錢七分八厘
一收龍山堡來起科銀貳拾捌両正
一收己酉歲修圍隄總局撥來銀壹百貳拾両零四錢壹分壹厘
以上共計收銀壹千壹伯貳拾両零柒錢八分壹厘內除共欠平頭銀肆錢陸分捌厘
實共進收銀壹千壹伯貳拾両零叁錢壹分叁厘

支數

一支太平沙李允秀估修前中後三座并襯祠及改建後墻磚瓦木灰各料并工除前座自辦杉料外共驗實交銀伍伯壹拾肆兩壹錢零陸厘

一支太平和昌石店砌換前中後三座新石并洗石柱及散工數共工料九七實銀壹伯貳拾貳兩肆錢叁分陸厘

一支九江恒和杉料除滙允秀取料不計外實自辦前座各料九六實銀陸拾柒兩伍錢捌分

一支自九江載前座杉料水腳實銀壹兩壹錢陸分

一支永吉店雙面屏門壹堂實銀壹拾肆兩肆錢正

一支李品堅等塡高後座泥工銀玖兩玖錢柒分柒厘

一支鄺仕等舂實後座新塡泥工銀伍兩貳錢陸分四厘

一支亞性舂石口各油灰工銀壹兩伍錢貳分壹厘

一支英華花脊頂獅子魚塔連載共實銀叁兩零捌分

一支合成包油神座及前座中座并高牌扁額花簷

一切連金共實銀叁拾肆兩叁錢玖分

一支明新塑　各神像并新椅及雞刀神福在內共

實銀捌兩柒錢陸分

一支成就店包油後座及襯祠工料實銀壹拾伍兩

柒錢零柒厘

一支補修後座兩廊共工料實銀壹拾玖兩正

一支填高兩廊沙泥及砌堦磚挑渠作竈共工銀伍兩肆錢正

一支銅線鐵釘鋤頭舂杵竹篸繩纜等物共實銀柒兩叁錢肆分

一支公所什物厨房器具共實銀壹拾兩零零八分

一支李冠南油刻修廟值事大匾一個工料實銀叁兩叁錢玖分

一支廟廠及公所共棚廠實銀肆拾玖兩玖錢正

一支磚司石匠搭篷三行共開工上樑陞座完工各神福實折銀肆兩肆錢貳分叁厘

一支上樑陞造金猪寶燭等物并雜項共銀捌兩叁

錢肆分玖厘

一支大鼓印令等物共實銀叁兩捌錢陸分

一支大寶鐵龍亭除交舊鐵亭外連載費共實銀壹拾玖兩陸錢陸分

一支大小燈籠一单實銀壹兩捌錢玖分

一支商修廟事各堡先生來往船費飯金共銀壹拾兩零壹錢正

一支往各堡催收起科及偕營兵往龍江帶銀共費用銀貳兩貳錢零伍厘

一支公所火促自戊申九月起至己酉閏四月止酒米魚菜柴炭油鹽雜用共銀捌拾玖兩陸錢貳分

捌厘

一支火夫厨子兜夫雜差共工銀壹拾伍兩陸錢零

柒厘

一支修東基　洪聖古廟及前任史邑侯捐置為司祝工食之茶館共工

料實銀陸拾肆兩陸錢

合共支出實銀壹千壹伯叁拾肆兩壹錢貳分

叁厘

除上二十數收銀壹千壹伯貳拾兩零叁錢

壹分叁厘外

實尚不敷銀壹拾叁兩捌錢壹分

至庚戌正月初四日在圖廟箱撥支訖河清百滘堡值年

桑園圍癸丑歲修志目錄

癸丑歲修紀事

奏稿

請撥帑歲修呈

首事具領修費并請示禀

申報興工日期文

藩憲催造報劄

五鄉業戶禀

催鍾姓填還代墊搶救工費呈

圍紳面呈　縣憲手摺

乙丑拆楊滘壩紀事

通稟　列憲呈

馬應楷等赴順德縣投案訴稟

諭楊滘局紳札

再遞順德縣呈

撫轅親遞攔輿呈

諭以石代工札

永禁楊滘鄉築壩示　此示泐石在沙頭

壩石拆清詳請銷案文

癸丑歲修紀事

桑園圍每歲修必有志惟咸豐三年癸丑九江榆岸五鄉岡頭涌等基決是冬領歲修本欵息銀一萬兩加二起科通修患基甲寅春工甫竣會紅匪不靖繼以海氛志務久未遑及今歲因輯丁卯志諸君子以前志板悉燬兵燹議裒全志稍加删補重授梓人將并癸丑領帑事補志之而是役首事潘君湘南崔君壽南均先後謝世工役度支無有記其詳者爰從檔房備查案由大略續輯至岡頭涌鍾姓圖撻代墊工費控追歸欵並誌之以杜諉卸而楊滘鄉築壩一事關碍全圍亦附誌之以犀隣戒焉若夫修築購料一切章程則癸巳志已薈萃

前志詳言之茲不復贅同治九年歲次庚午蒲月盧維
球謹識

咸豐三年十一月初六日　兩廣總督臣葉　廣東巡撫臣柏　跪
奏爲南海縣屬桑園圍基冲卸請撥歲修息銀築復恭摺
奏祈
聖鑒事竊照本年六七月間粵省東西北三江潦水漲發各
府屬州縣圍基田畝房屋間有淹坍先經臣等委員勘
不成災捐廉妥爲撫綏專摺覆
奏並聲明南海縣屬桑園圍東基等處基段多有坍卸浮
鬆據紳士呈報請撥給歲修銀兩俾資培築俟委員會
縣覆勘另行辦理在案茲據委員候補知縣朱甸霖會
同南海順德二縣馳往該圍確切勘明禀覆桑園圍東
基内九江堡龍津堡簡村堡先登堡甘竹堡各基段冲

決自十餘丈至八十餘丈不等因基身均已內陷必須
跴練堅築始足以資鞏固此外沙頭各堡基段石堤亦
多拆裂浮鬆亟應分別添石培補修築工程浩大民力
實有未逮議請動撥該圍歲修生息銀一萬兩轉給紳
士領回鳩工購料赶緊修築等情由司詳請具 奏前來
臣等伏查該圍籌備歲修生息一項先於嘉慶二十二
年在藩糧二庫提銀八萬兩發交南海順德二縣當商
生息每年繳銀九千六百兩以五千兩還本以四千六
百兩爲該圍歲修之用嗣因紳士伍元蘭等捐銀十萬
兩將該圍改築石堤此後無需歲修每年將歲修息銀
四千六百兩歸入籌備堤岸項內備用其應歸本銀五

千兩續奉行另入季報撥嗣道光十三年桑園圍被水
沖決先後在司庫借領銀四萬九千八百餘兩經前督
臣盧
奏明以一萬六千二百餘兩動支該圍歲修息銀以二萬
三千兩將該圍每年應得歲修息銀四千六百兩按年
儘數扣收毋庸征還尚餘銀一萬六百餘兩分限五年
攤征又二十四年被水該圍患基甚多及二十八年被
風擊壞土堤石堤均經先後
奏准各動支歲修息銀一萬兩紳發紳士領回培築毋庸
歸欵各在案數年以來水石沖激本年該圍東基各段
復被潦水沖決及拆裂浮鬆多處既經委員會縣勘明

亟應修築惟工費鉅民力實有未逮仰懇
天恩俯念要工准照道光十三等年成案在該圍歲修
生息款內籌撥銀一萬兩發交南海順德二縣轉給紳
士領回由縣督飭赶緊興修以資捍衛如有不敷仍由
該圍殷戶自行籌足統俟工竣驗收覈實造冊報銷毋
庸歸還原款第本款息銀現存銀二千三百三十八兩
不敷支撥請在籌備堤岸項內借動銀七千六百六十
二兩湊足一萬兩先行給領仍俟續收桑園圍歲修息
銀內歸補還款是否有當臣等謹合詞恭摺具
奏伏乞
皇上聖鑒訓示謹奏

請撥帑歲修呈

具呈桑園圍南順兩邑紳士舉人潘斯湖崔繼芬朱士琦余秩庸馮汝棠陳鑑泉程師儉岑灼文關仲暘廖熊光黎國琛陳文瑞張清巖何子彬梁謙光程貴時傅正常潘漸逵黃之冕黎熾遠陳韶關景泰朱堯勳關士暘關簡李雲驪崔茂齡鄧翔朱晥蘭鍾澄修崔藻球朱文彬梅夢雄潘文佩熊炎夔關鴻莫晉良崔維亮潘元申賴孟瑜廖金鑒李珠光武舉李應揚李芬胡流德貢生陳上齡程翔萬盧維球職員郭汝康生員潘縉儒潘廣居何亮熙崔令儀吳元壽黎銘秋何倫譚藹元余澤涵譚嵩年黃昌庸黃卿槐梁觀光

陳華澤關俊英何如鏡崔贊元崔佐李應剛蘇應銓
李艮弼何作垣何文卓程啓瑞程簡艮戴巽程璜郭
鵬飛傅超常陳鎮泉曾翀漢關樹梅崔博潘繼李潘
如洋梁吉陳鑑光潘樹庭張桂湄黎芳潘燦光潘翀
漢潘文灃黎汝培何培蓉梁价如麥穗歧麥湛清麥
翹關瑞濬崔榮梁以楨李升李鴻貞莫變理馮濟昌
馮翰昌馮寅武生黎鏘緒監生梁國鋥老亮純何隆
清傅遂艮李玲光

呈爲基決費繁派捐無力聯懇通詳　大憲撥領歲修
俾及時修築以救糧命事切舉人等桑園圍界連南順
兩邑分東西兩基東基扞禦北江水潦西基扞禦西江

水潦共長一萬四千七百丈圍內烟戶數十萬家貢賦二千餘頃全藉基堤扞衛最爲險要本年七月內西北兩江潦勢逾常自初五至十二等日九江堡榆岸圍基段冲決十四丈餘趙涌南頭圍基段冲決兩處共二十丈餘坍卸七丈餘龍津五鄉基段冲決崩卸二十丈餘簡村堡基段坍卸八十一丈飛鵞岡左右二翼公基冲決三十九丈其餘坍卸漫溢指不勝屈非闔圍大修難期無患舉人等審度形勢其崩決者須牛工練築其坍卸者須灰料實舂卑薄處培厚增高陡削處添椿壘石至全堤基之漫溢者又一律加高似此工程非二萬餘金不足蕆事本年旱禾歉收米食騰貴又值潦水灌注

圍內晚禾及桑株魚塘被浸者十居七八且各決口連
日搶救共用工料銀六千餘兩民力倍艱惟有籲請
憲恩俯念圍民左支右絀之苦查照道光十三年三乂
基冲決撥給歲修本欵銀三萬九千兩道光二十四年
林村吉水各基冲決撥給歲修本欵銀一萬兩道光二
十九年禾乂基石堤擘卸撥給歲修本欵銀一萬兩成
案伏乞 親臨履勘轉詳 大憲將桑園圍歲修本欵
息銀撥給俾得請定章程刻日興修從此全堤鞏固億
萬斯年感戴 鴻慈於不朽矣切赴

咸豐三年八月二十二日呈

首事具領修費并請示禀

具禀董修桑園圍基首事舉人潘斯湖崔繼芬

禀爲請給修費赶速興工以重基務事緣桑園圍基前被西潦冲决九江榆岸岡頭涌五鄉基等處各堤先經合圍紳士聯請撥給本欵歲修息銀通圍合修以資保障蒙　恩詳奉　大憲准給銀一萬兩及時興修蒙委員履勘洞悉情形承　諭實力大修以期鞏固現議舉人等董理其事自忖識淺才疎工程未諳奈衆情推舉義無可辭所有塌卸各基及全圍應行培修基段務宜核實估修謹於十月初旬諏吉購料集夫修築但一經興工在在需支只得備具領狀繳赴　臺階請給修

費以應要工并在工夫役良歹不一恐有怠惰偷安酗酒滋事或恃衆阻撓藉端爭鬬等弊仍請給示曉諭嚴禁切赴

咸豐三年九月二十三日稟

申報興工日期文

廣東廣州府南順二縣爲申報事案奉

藩憲札開咸豐三年十月十五日奉

巡撫廣東部院柏　批據委員朱旬霖會同該二縣稟覆勘過桑園圍冲決基段應修處所繪具圖摺請撥歲修息銀一萬兩給縣領回轉給首事具領興修等由奉

批據稟已悉仰布政司迅將修費銀一萬兩發縣轉給並即轉飭遵照督令該首事等將各圍決口及應修處所刻日興工赶緊修築完固以資保障工竣取具冊結覈實報銷並候

爵督部堂批示繳圖摺存又奉

太子少保兩廣爵督部堂葉　批據稟已悉仰東布政
司俟該縣等繳到印領即將該圍息銀支給下縣轉發
首事具領興工并飭該二縣隨時督率赶緊修築務期
工程鞏固以免貽悞仍候
撫部院批示繳圖摺存各等因奉此案經籌撥銀一萬
兩於十月二十九日支給該二縣領回轉給首事具領
興修在案合就札飭札到二縣立卽遵照將領回前項
銀兩飭令首事赶緊興修務祈工程鞏固一俟工竣覈
實驗收造具用過工料銀兩細冊出具保固切結詳繳
赴司以憑核明詳請
題銷毋任稽延仍將給領過前項銀兩及興工竣工各日

期通報查考等因并奉發基費銀一萬両到縣奉此當
經諭飭該紳等領修去後茲據董修桑園圍舉人潘斯
湖崔繼芬等禀稱切舉人等奉諭飭將奉發桑園圍修
基工費銀一萬両備具領狀親身赴領興修等因舉人
等擇於十一月二十四日興工理合備具領狀叩乞當
堂給領等情據此經卑南海縣於十一月十八日將奉
發銀一萬両當堂給該舉人潘斯湖等領回興修取具
領狀附卷除飭催該首事等赶緊築復完固容俟工竣
另文申報外所有給過奉發基費銀両及據報興工各
日期理合具文通報　憲臺察核除申　各憲外爲此
備由具申伏乞　照驗施行

咸豐三年十二月初一日

藩憲催造報劄

署廣東布政使司周　爲題估廣東省南海順德二縣修築桑園圍基工程需用銀兩應准辦理事案奉署廣東巡撫部院江　案行咸豐八年正月二十七日准　工部咨都水司案呈工科抄出前任廣東巡撫柏題南海順德二縣咸豐三年修築桑園圍基工程需用銀兩造冊題估一案咸豐五年八月十七日題十一月二十四日奉

旨該部察核具奏欽此欽遵抄出到部隨經臣部行令造具副冊繪圖去後今於咸豐七年七月二十二日據大學士兩廣總督兼署廣東巡撫葉　將圖冊咨送到部該

臣等議得前任廣東巡撫柏　疏稱南海縣屬桑園圍基因咸豐三年潦水漲發被沖坍卸經臣柏　會同督臣葉　奏請籌撥銀壹萬兩給領與修工竣造冊取結詳辦在案玆據廣東布政使江國霖詳稱據南海順德二縣承修該圍基段實用工料銀一萬二千六百十六兩四錢三分一厘除領銀一萬兩外餘銀由基主按稅科派造具工料細冊詳請具題等由臣覆查無異除冊咨部查核外臣謹會同兩廣總督臣葉　恭疏具題等因前來查廣東省咸豐三年南海順德二縣修築桑園圍基工程先據大學士兩廣總督葉　奏明經臣部會同戶部議奏行令造冊具題在案今據前任廣東巡撫

柏　將前項修築桑園圍基共需工料銀一萬二千六百十六兩四錢三分一厘造册題估臣部查係奏明之工應准辦理仍令該撫將做過工程用過銀兩照例切實具題造册送部核銷至動用該圍生息銀兩應行文戶部查照咸豐七年十一月二十一日題本月二十三日奉

旨依議欽此爲此合咨前去欽遵施行等因到本署部院准此合就檄行備案行司照依准咨奉

旨內事理即便轉行欽遵查照將做過工程用過銀兩照例切實造册具詳核辦勿忽等因奉此合就檄行爲此劄仰該二縣即便欽遵查照辦理毋違須劄

咸豐八年七月二十七日

五鄉業戶禀

具禀業戶監生鍾英職員鍾兆開戶長鍾贊鳴廖五經何昌顏永祖顏昌霍起宗顏活軒崔日升俱龍津堡人爲圍基冲決搶救力竭難籌築復乞恩勘估詳給歲修銀兩修復事竊生等龍津堡南莘村陳步各鄉附居桑園圍東基內自江浦司署後起至沙頭堡界止堤基六百三十餘丈前月潦水漫溢登卽搶救奈濤狂浪盛力救不及慘於七月初五夜被水冲決堤基二十餘丈自堤面至水底約深二丈有奇坍卸二十餘丈被溢崩缺三五尺約有一百餘丈幸各戶紳民督率子弟奮力救護數日始暫堵塞生等用過工料銀四百餘兩業經禀

明江浦司主查勘明確現當水退亟應修築第思遭此
奇災搶救用去多金力難科派況田禾桑塘均經淹浸
口食無靠各鄉族小丁稀亦無富戶可捐稅畝亦僅數
頃實在捐築維艱忖歷次各處崩決堤基均蒙　列憲
恩給桑園圍歲修欵項修築迨聯叩　鴻慈俯念生等
無力捐築恩准勘估詳給欵項俾得赶緊修築以免後
患永頌甘棠切赴

咸豐三年七月二十六日稟

代理南海縣憲胡　批

現據桑園圍紳士崔繼芬等呈稱陳步等五鄉鍾贊
嗚戶基段被潦沖決一十餘丈因工料未備無力搶

築經爾鍾英等親求各堡代賠工料飯食銀一千一
百餘兩始行築復完固向爾等討取墊支銀兩延匿
不還現禀並未敘及顯係飾詞圖吞代墊工費希冀
邀准借給修基銀兩殊屬取巧着即查照舊章斂齊
修費歸還毋得違延滋訟保狀附

桑園圍歲修志　卷十三

催鍾姓填還代墊搶救工費程

具呈桑園圍紳士舉人崔繼芬陳鑑泉黎國琛關景泰何子彬梁謙光崔茂齡莫晉艮程師儉程貫時馮汝棠廖熊光朱士琦朱堯勳李雲驅崔藻球崔維亮余秩庸武舉李芬職員郭汝康優貢盧維球生員關樹梅曾翀漢程啓瑞程簡艮郭鵬飛何亮熙崔令儀崔贊元莫燮理李鴻貞崔佐崔博何培蓉關俊英何作垣何如鏡梁觀光李應剛蘇應銓李艮弼李嘉樹呈爲恃刁冒報浩費無歸聯懇勒交押追以重基務事

切紳等桑園一圍東西堤基共長一萬四千七百餘丈分段經管以專責成遇有冲決搶救所有工役飯食樁

杉物件均歸經管基主自備供應前後桑園圍誌歷歷可據詎於七月初五日夜東基岡頭村即陳步鄉鍾贊鳴戶等五鄉基份被西潦沖決一十一丈五尺崩卸九丈深一丈八尺該基主雖鳴鑼喊救而搶杉不備飯食不供該處子弟因躲匿不出即各堡赴救亦皆枵腹立視措手無憑水勢奔騰人情惶恐各堡紳士當即急赴基所責成基主該基主監生鍾英等親求各堡代賒取工料飯食等項赶緊搶築事後起科竭力歸欵衆信為然遂鳩工庀材并力搶救自初六日起至十一日止圍築水基五十六丈一尺合而復潰者凡三次竭六晝夜之力乃克蕆事計沙頭堡代支出工料飯食銀九百六

十餘兩大桐金甌兩堡代支出工料飯食銀二百餘兩
事後向討始猶甜延後竟躲避不面經闔圍紳士屢集
河神廟秉公理處責令歸欵以符向章在該鄉田畝富
戶不少倘設法起科勸捐儘可措辦乃監生鍾英等昧
良喪心恃刁不恤復以搶救力竭等詞冒禀　仁臺並
不聲出各堡代賠工料飯食等項其規避禀追有心圖
撻已屬顯然不知集工搶救闔圍皆知諒一紙虛詞難
逃洞鑒似此逞刁取巧若不嚴爲拘究將來各處效尤
互相推諉遇有崩坍定釀巨浸兹查鍾英等具禀粘有
地保保人領狀理合粘列清單聯叩　崇轅伏乞勒保
交出押令如數歸欵以符舊章以杜諉卸切赴

咸豐三年八月初三日呈
代理南海縣胡批
已於監生鍾英等稟內批示候差拘究追

闔圍紳士潘斯湖等面呈　縣憲手摺

敬禀者岡頭涌鍾姓應繳三堡代墊基費一案其牽涉
圍外龍津社學紳士混覆者蓋因既不能圖撻三堡墊
項又欲硬派四鄉以資彌補不知去年決口係在鍾贊
鳴戶基一百七十餘丈之內本與四鄉無涉查道光十
三年冲決顔姓基段彼時鍾氏已置之弗恤自後五鄉
各管各基自爲保固此次墊欵無論三堡舊欠不應派
及四鄉卽浮開搶救用過杉椿銀四百八十餘両之數
更屬轄塡無理但四鄉類皆赤貧鍾姓殷戶較多習俗
刁悍舉人等再四籌思若不善爲調劑他日搆訟生波
四鄉必至受累殊非仰體　仁臺息訟安民之意是以

鍾氏繳銀之時勸令四鄉除浮開四百餘兩十計外勉力捐銀一百三十餘兩以息其必葢令其徇舊日五鄉之名盡同堡救災之義免他日鍾氏又肆欺淩各皆允肯不料圍外龍津社學紳士不知原委竟冒昧袒護鍾姓是四鄉既科派三堡舊欠又須認填浮開四百八十餘兩之數苦樂不均可否仰懇　飭令鍾姓及四鄉投稱闔圍紳士妥議俾於工竣酬神之日會同十四堡紳士善爲勸解以息訟端之處出自　鴻慈謹禀

查咸豐四年三堡將鍾揚開扭到主簿解縣押追五月廿八日提訊供稱巳於廿七日將代墊搶救銀柒伯兩繳交三堡收訖隨將鍾揚開省釋完結

乙丑拆楊滘壩紀事

拆壩之役固幸各圍紳士同心協力尤仰賴　郭筠仙
中丞雷厲風行　秦賡兩憲秉公勘斷其壩勘得已築成
者二十四丈餘水勢被遏如灘急小船之激沈大船之
破底者踵相聞怨聲不絕而農民尤深切齒壩形如丁
鈎壘石層層間以磚窑泥兩旁加椿夾護天寒工人皆
縮手後得天秤法俟春融始克徐徐拔其根株自乙丑
臘月越明年丙寅初夏而工告蕆未及一載積沙已微
見影若不及早控拆日久愈築愈長更難施工尤幸者
當會勘時是日潮水驟退壩首尾畢露蠻石横亘如長
蛇凸出水面　兩憲齊聲詑訝謂無怪各紳士聯控此

壩若不拆上游民靡甯居矣　兩憲之關心民瘼如此
同治九年歲次庚午蒲月盧維球謹識

通禀　列憲呈

具呈桑園圍南海縣屬沙頭堡優貢生盧維球生員何亮熙舉人鄧翔生員馮濟昌譚杞鄧維霖職員譚沅百滘堡舉人潘以翎潘斯湛潘漸逵生員潘贊勳簡村堡舉人陳文瑞副貢生陳伯翔雲津堡舉人潘桂森潘仕釗九江堡舉人關仲暘候選訓導關樹梅武舉關榮章生員劉樹南會師孔先登堡舉人李長弼生員李應剛蘇應銓區佩恩蘇祥泰海舟堡舉人梁清生員梁以楨李用詒大桐堡舉人陳鑑泉候選訓導傅超常附貢李海生員戴異程啓瑞李介臣程潢河清堡舉人熊次夔生員潘繼李鎮涌堡舉人何文

卓生員何如鏡何亨金甌堡舉人關景泰余得俊順
德縣屬龍山堡候選訓導馮培光歲貢左秩俞附貢
吳元壽龍江堡舉人張汝梅監生張華秋南海縣屬
西圍舉人沈維杰廖翔副貢李籍鏞生員羅應坤廖
炳文李拱宸馮鑑清關宗漢羅格圍舉人羅熊光羅
應鏗生員冼瑩大柵圍舉人高子沅何愷儔生員何
庭修馮熺鼎安圍武舉麥霖秋生員麥文經麥錦泉
王延年王慶霖王治平大有圍舉人陳熾基武舉譚
廷昭生員關焜張耀奎關萬年陸登魁蜆壳圍南海
縣屬舉人康贊修陳錦騰生員游光海杜清潘鑑灤
游光潼陸炳煌康達芬康達節潘福甫三水縣屬舉

人鄧顯仁副貢冼冠魁生員歐陽泓周耀南陸恒孚
徐善福梁觀瀾林煥蘇禮昌門門圍三水縣屬舉人
梁翟武舉謝樹芳謝泰階謝星階生員劉始然徐卓
英鄧震亨大艮圍南海縣屬舉人楊焯垣鄧瑶徐澄
溥生員何若瑜劉廷鏡張喬芬黃德華茯洲圍南海
縣屬舉人李文燦生員陳國儀陸元達李善康陳熾
垣
呈爲築壩遏流沙外圖沙聯懇飭縣傳案解押諭局拆
毀以救糧命事切紳等南三順等縣各圍當西北二江
頂衝潦水一漲自上游建瓴而下至三水南岸圍南海
順德桑園圍大柵圍鼎安圍大艮圍大有圍蜆殼圍門

門圍茯洲圍羅格圍西圍東圍等十餘圍相連百餘里所有圍外諸水經由各圍村前直落順德縣屬黄連海口始有支海分流而去若水流至順德楊滘鄉河面築壩橫攔宣洩必滯禾稻定然失收查近年楊滘鄉開設磚窑海邊沙外復有沙影微露然猶幸其流通無滯沙可隨長隨消不至大害不料該鄉貢生馬應楷生員馬家駒職員馬業昌等窺此沙可積遂斂貲購石於海邊沙外築壩橫亘河面現築石凸起水面者十餘丈寄椿落石者數十丈遏流圖沙借名利鄉實肥己槖夏潦猝至上流十餘圍均受其害而對河之桑園圍被壩水激射受害更慘況桑園圍係蒙　大憲

奏請撥帑歲修之圍豈容該貢生等漁利切近貽災忖築壩官河大干例禁今觀其壩在海邊沙外離該鄉基圍五十餘丈專爲積沙肥已起見各圍農民怨聲載道經紳等往勸拆毀詎應楷等不惟不拆反乘夜落石潛築實屬昧良貽害勢着粘圖聯叩　憲恩俯念十餘圍糧命攸關趁此夏潦未發迅飭順德縣拘馬應楷等解送憲轅押令拆毀查該鄉向係武舉馬逢清主局伏乞諭令該局紳將已成未成築壩椿石徹底拆清俾河水暢流以救糧命而息民爭頂祝切赴

同治四年四月初一日呈

兼署督憲瑞　批

據呈馬應楷等築壩積沙有碍水道候行東布政司

迅飭順德縣馳往查勘秉公剖斷妥辦詳報圖存

署撫憲郭　批

去歲聞順德縣河有私行築壩之案正擬專札查辦

所禀馬應楷等在楊滘河面築壩是否即係順德縣

河面此等利害關係十餘圍基生命豈能聽從一二

戶罔利私築貽害數縣仰布政司嚴飭順德縣查明

禀覆如果有築壩擅利攔截水道情事即先由順德

縣將馬應楷等提解來省聽候查辦詞抄發

署順德縣憲賡　批

查楊滘海委係上游出水要處既據該生等禀奉

糧憲批行候傳馬應楷等訊明勒令拆毀以杜訟端

繪圖附

馬應楷等赴順德縣投案訴稟

具訴詞楊滘鄉紳士優貢生馬應楷生員馬家駒職員

馬福昌馬德源馬步蟾監生馬應清馬耀林

爲修壩防患捏控遏流粘圖瀝稟籲恩察核申詳恤存

民命事切生等楊滘鄉貼近玉帶圍邊居住其對河爲

沙頭桑園圍溯西北兩江之水合流而下自江浦司前

至龍江二壩河道或濶或窄當江浦司前至沙頭堡河

道濶者一百三十餘丈窄者約八十餘丈而楊滘村前

河道約二百一十餘丈龍江二壩河道濶約九十餘丈

此河道濶窄各殊之明徵也沙頭基圍外自岡頭壩起

至洪聖廟壩止共計築壩一十二条各壩大細長短不

一而貢君廟壩爲最大堆石長二十餘丈且接連上十一壩之水橫射楊滘村前撼決莫當舊有築壩一条以障狂瀾嗣因玉帶圍西閘口海邊民居被水冲塌避遷村内此地今已變爲巨浸誠恐冲塌愈甚貽害莫測且以合鄉公議修復舊壩一条以防水災此修壩防患之實在情形也不料沙頭堡局紳盧維球何亮熙二人倡言有碍水道意圖率眾逼拆生等理勸不果維球等遂聯各局聲勢揑架築壩遏流等謊借桑園圍防患大題危言聳聽瞞禀 大憲批發仁臺勘訊付沙頭圍外河道濶約八十餘丈而築壩一十二条貢君廟壩長廿餘丈楊滘河道濶約二百十餘丈而西閘口修復舊壩一

条長約廿一丈其中河道濶窄懸殊築壩多寡互異若
以遏流而論豈沙頭之河道窄而壩多者不爲遏流楊
滘之河道濶而壩少者反爲遏流乎又揑海中沙影微
露沙外圍沙等謊沙流聚散無常倘若覬覦積沙必先
升科爲佔沙地步 生等旣無升科承稅何謂沙外圍沙
總之是否遏流伏乞察核詳覆永頌甘棠切赴
同治四年四月十九日稟
署順德縣憲賡 批
查爾等楊滘鄉爲上游各圍出水要處該貢生等築
壩橫亘河面殊於桑園各圍大有關碍現稟防患各
情其中不無掩飾昨奉 糧憲札飭傳集質訊該紳

等着即赴案投質聽候訊明分别察斷繪圖附

諭楊滘局紳札

署順德縣正堂賡　爲諭飭遵照事照得現奉

撫憲暨藩臬憲批行據南海三水順德三縣紳士盧維

球等具控順德楊滘鄉馬應楷馬家駒馬業昌等築壩

遏流沙外圍沙致上游十餘圍均受其害而對河之桑

園圍被壩水激射受害更烈叩乞押拆並諭該鄉局紳

馬逢清等勒限將已成未成各壩一律拆毁以除後患

等情奉批仰縣飭提馬應楷等押解赴省除飭差勒傳

外合就諭飭諭到該紳卽便遵照速卽勸諭馬應楷等

將該鄉海邊沙外現築橫壩澈底拆清緣事關三縣各

圍且桑園圍更係奉

旨撥帑歲修之處如馬應楷現築之壩果與桑園圍有害其
勢斷不能不拆該紳可傳諭馬應楷等此案關係甚大
務須將壩早日拆毀庶可保全身家若再挨延違抗其
禍患有不忍言者本縣忝任斯土豈忍士民悞罹法網
用特專諭該紳望爲愷切勸解俾令悔悟切囑特諭
同治四年四月廿四日札

再遞順德縣呈

具呈桑園圍南海縣屬紳士優貢生盧維球等

呈爲壩未動拆瞞稟銷案聯懇押令徹底拆清無俾詭

稱舊壩留址並懇賞示永禁濳築以絕後患事切 紳等

前因馬應楷等在楊滘鄉前私築長壩沙外圍沙大碍

水道聯呈 列憲暨 仁憲荷蒙堂訊諭飭毀拆淨盡

應楷等陽具遵結陰違 憲諭並未動拆瞞稟詳銷揣

其私意因沙頭以上河窄舊壩可存楊滘河濶築壩應

拆心非甘服遂捏伊鄉原有舊壩希圖指新築爲舊址

不知沙頭上便海心突起羅村一沙河道逼窄頂衝處

所故多其壩正與沙爭權使沙不至趨下愈積愈肆楊

滘地處下流河濶則水勢散漫無沙阻碍水得以暢流入海此沙頭舊必設壩楊滘不用築壩實在情形數百年相安無事之緣由也以不用築壩之地而忽於堤外涌涌外沙邊築石横攔河面此專欲積沙肥已之明證也至謂沙頭眞君廟壩長廿餘丈水勢冲射致該鄉民居冲塌遷避更屬杜撰忖眞君廟與楊滘上下相隔約三里之遥其壩圍志載僅五丈如果水勢激射何以與壩相對之龍畔村梧村兩鄉不見冲塌而獨於相隔三里之楊滘鄉冲塌乎且旣有冲塌之慘該壩何以不築於當時而築於今日乎此又築壩非以避冲實欲積沙之明證也至沙頭各壩由來已久屢蒙　大憲

奏准撥帑培築迄嘉慶廿四年盧伍二紳捐建石隄經
前督憲阮　飭委勘估加石培長以資扞禦工竣報部
列憲檔案有據今應楷等所築已自認二十一丈連
打底見影者不下數十丈況官築與私築緩急迴殊護
隄與圍沙形勢迴異幸蒙　仁憲洞悉奸謀憫及異赤
勒令拆毀淨盡無留餘孽仰見廉明公正情偽難欺詎
應楷等旣揑稱修築舊壩於前復謬稱拆至水面於後
謂於五月十四日集衆動拆將加高新石盡行拆清至
水面下三二尺等詞謊禀銷案　紳等會同察看實未動
拆應楷詭乘夏潦漫面混指未拆爲已拆影射新築爲
舊址暗留異日積沙之計勢着將沙頭有壩楊滘無壩

歷久相沿事由剖明呈繳桑園圍志瀆叩　臺階伏乞
飭傳馬應楷等到案押令拆除淨盡以免詭稱舊壩留
址貽害無窮倘果徹底拆淸紳等定必據實稟覆並懇
給示勒石永禁以絕後患而息訟端庶水道暢消十餘
圍田廬民命獲保萬戸沾　恩切赴
同治四年閏五月　日呈
署順德縣憲賡　批
前據馬應楷等稱已於五月十四日將壩遵諭拆毀
當經具結在案是以本縣將案詳銷據呈尚未動拆
如果情眞殊屬藐玩候飭差速查明確勒令拆淸一
面出示永禁復築以杜訟端桑園圍志三本存

撫轅親遞攔輿呈

具呈桑園圍南海縣屬紳士優貢生盧維球等呈爲瞞稟銷案壩石未拆聯懇傳案飭委督拆淨盡以保田廬而絕後患事切紳等南海順德三水等縣十餘圍基因下游順德楊滘鄉沙外圍沙斂貲購石私築長壩大碍水道紳等於本年四月聯叩　崇轅乙飭傳爲首斂貲之馬應楷馬家騊等并諭主局馬逢清將壩拆清奉　批飭傳該衿等押解來省在案旋蒙順德縣主飭傳到案供認築壩屬實具結拆毁求免押解殊該衿等狡脫回鄉瞞稟縣主開工動拆致縣將案詳銷經紳等赴縣稟明壩未動拆復蒙縣主飭差嚴催并出示渺

石永禁復築又在案詎應楷等數月之久片石未除具
遵不依札諭不從差催不恤抗藐已極欲肥一已之私
褱罔顧數縣之生靈若任其瞞稟銷案受害胡底紳等
爲上游十餘圍糧命攸關迫粘　憲批及順德縣主諭
示再詞叩瀆伏乞飭傳馬應楷等到省勒令捐貲雇工
並委員親履築壩處所趁冬晴水涸督令拆淸無留餘
蔕以絕後患庶水道暢消田廬獲保陰德齊天切赴
計粘憲批一紙順德縣諭馬逢淸札印示各一紙
同治四年九月十五日呈
署撫憲郭　批
仰布政司卽速委員會同順德縣勘明楊滘鄉私壩

立與毀拆并嚴拿馬應楷馬家駒等到案訊明因何
築壩營利抗不拆毀情由分别究辦詞抄發

諭以石代工札

順德縣正堂賡　諭三縣紳士盧維球等知悉現奉撫憲委員協同本縣將馬應楷等所築之壩拆毀淨盡其石起清不准沙石存留現斷令以石代工着原告盧維球等督工代拆代起本縣已將馬應楷暫押俟拆清再釋以免滋生事端倘再有楊滘村人等阻撓該紳等立即禀縣究辦此諭

同治四年十月廿五日札

永禁楊滘鄉築壩示

欽加同知銜署順德縣正堂賡　爲飭遵事現奉
代辦布政司方　札開同治四年閏五月十一日奉
署理廣東巡撫部院郭　批據該縣具詳桑園圍沙頭
堡優貢生盧維球生員何亮熙等呈控馬應楷等在楊
滘鄉海邊沙地方欄河築壩沙外圍沙致上游十餘圍
洩水要口均被阻碍爲害非輕叩乞飭縣毀拆等情當
經飭傳馬應楷等到案諭令將該處新築之壩全行毀
拆毋得少留餘根以杜訟端馬應楷等遵諭拆毀愿具
甘結完案隨將控案詳銷奉批如詳銷案仰布政司轉
飭遵照出示勒石該鄉嗣後不拘何姓人等永遠不准

在該處河面築壩以免阻塞水道此繳結存又奉
廣州將軍兼署兩廣總督部堂瑞　批據詳已悉仰布
政司檄飭銷案仍候撫部院批示繳各等因到司合札
飭札縣即遵照奉批情節出示泐石等因奉此合行出
示泐石永遠嚴禁爲此示諭楊滘鄉等處紳民人等知
悉嗣後楊滘鄉海邊沙外不拘何姓人等永遠不准在
該處河面築壩以致阻塞上游水道倘此次拆清之後
如有人復敢覬覦在該處築壩准各縣紳士指名稟縣
以憑飭拘究拆決不姑寬各宜凛遵特示
同治四年六月廿九日示
此案因楊滘鄉紳士馬應楷等在該處村前築壩大

礙水道經聯呈　列憲蒙　賡憲飭傳到案具遵拆
毀詎應楷等只將石扒低瞞禀詳銷奉　撫憲轉飭
給示勒石永禁復築在案惟事關十餘圍田廬民命
未便任其陽奉陰違迫於去冬控奉　撫憲委員秦
會同　賡憲履勘壩長二十四丈餘委係遏流當
蒙　賡憲給札斷令三縣紳士督工代拆以石抵工
計起石四百四十餘萬閱四月而工始蕆爰將示壽
石并識其巔末焉
同治五年歲次丙寅四月吉旦立此示泐石在沙頭桂香書院

壩石拆清詳請銷案文

署順德縣昌　爲詳請銷案事現奉

藩憲轉奉

前撫憲批據桑園圍南海縣屬優貢生盧維球等遣抱譚安禀控順德縣屬楊滘鄉馬應楷馬家駒馬業昌等攔河築壩南三順三縣十餘圍洩水要口均被阻碍爲害匪輕叩乞飭縣押拆等情奉批去歲聞順德縣河有私行築壩之案正擬專札查辦所禀馬應楷等在楊滘河面築壩各情是否即係順德縣河此等利害關係十餘圍基生命豈能聽從一二戸罔利私築貽害數縣仰布政司嚴飭順德縣查明禀覆如果有築壩擅利攔截

水道情事即先由順德縣將馬應楷等提解來省聽候
查辦等因並據盧維球等以前情控奉
各憲批行查辦等因到縣查本案先據南三順各縣紳
士盧維球等赴縣禀控楊滘鄉貢生馬應楷等在於楊
滘鄉河邊新築石壩橫亘河面有碍水道呈請押拆等
情前來經卑前縣賡令飭傳馬應楷等到案訊認築壩
屬實情愿具結拆毀將案詳請註銷并出示泐石該鄉
嗣後不拘何姓人等永遠不准在該處河面築壩以免
阻碍水道在案旋據紳士盧維球等復以馬應楷等抗
不毀拆等情控奉
前撫憲批仰布政司委員會同順德縣勘明楊滘鄉私

壩立與拆毀并嚴拿馬應楷等到案訊明因何築壩營私抗不拆毀情由分別究斷等因並奉委員候補同知秦汝燮會同前署縣賡令傳集兩造親詣楊滘鄉勘明馬應楷等築壩處所有碍水道斷令原告盧維球等將未拆壩石盡行雇工拆清所有石塊歸盧維球等變賣以作工資兩造遵斷具結完案猶恐馬應楷滋生事端復經賡令將其帶署暫交號房看管俟盧維球等將壩拆清再行稟請省釋並將勘辦情形通稟 憲鑒在案賡令未及督拆清楚旋卽卸事 卑職 抵任接准移交當卽照案催令盧維球等赶緊拆毀去後旋據盧維球等稟稱馬應楷等所築該壩石塊均已起挖淨盡水道暢

流懇請勘明將控案詳銷等情前來卑職親往覆勘無
異除將馬應楷一名省釋外理合查案具文詳候
憲臺察核俯賜將控案註銷實爲公便爲此備由具申
伏乞照詳施行

同治五年九月廿七日　詳督撫藩臬道府各憲

桑園圍丁卯歲修志目錄

丁卯己巳歲修紀事

奏稿

藩憲移軍需總局文

請撥帑歲修呈

報興工日期請撥足二萬兩呈

陳邑侯覆王方伯稟

報竣工日期呈

繳工料細冊呈

繳結圖呈

請示禁築沙壩呈

府憲禁擱海築壩示
續請發帑專注首險呈
委勘估險基札
申請 藩憲給費文
禁抗阻取土滋事示
報興築險基日期呈
險工告竣呈
繳工料細冊圖結呈
申 藩憲繳工料細冊圖結文
新繪圍圖 列卷首總序之下

丁卯己巳歲修紀事

桑園圍自咸豐癸丑領帑歲修後中更多故本款歲修帑本息銀別經提用全隄破壞不修者歷十數寒暑同治甲子奉毛督憲郭撫憲撥還本銀二萬二千七百餘兩照舊發當生息乙丑潘蓮舫侍御復奏奉

諭旨着將提用本款帑本息銀查明已還未還設法歸款丁卯秋　陳京圃邑侯甫攝篆詢邑中大利病李君子莊首以本圍久廢修對因請潘君湘南手撰節畧上　邑侯懇先達　上游繼以紳士呈請皆報可分兩年籌撥息銀二萬兩加二起科是年冬興修各堡患基一律培築惟八村裏內塘外涌礙難加高培濶如沙頭北村者

迫於外坦增築護基六百餘丈以助扞衛而舊基仍不
廢推潘君鶴洲岑君翕卿陳君雲史關君忍葵任其勞
而潘君湘南實總厥成逾年工甫竣湘南子莊兩君遽
歸道山派支總數未得其詳故闕載焉已巳春
陳邑侯
彭委員勘工周歷各處深以海舟鎮涌首險爲憂飭具
摺繪圖以兩處外海內湖基身壁立應再壘石塡泥面
覆　大府是冬遂得續請發給帑息一萬兩專注兩堡
首險董事者潘君鶴洲何君立卿梁君藥林潘君海三
而倡始提其領者明君立峯也未雨綢繆有備無患由
是而間歲踵行之豈非斯圍無疆之福哉同治九年歲
次庚午蒲月盧維球謹識

同治四年閏五月十八日　潘斯濂片奏

再查粵東廣州府屬之桑園圍跨南海順德兩縣自北宋以來爲時既久戶口數十萬丁賦稅二千餘頃爲粵東糧命最大之區每年夏秋潦漲北潦自本省南雄韶州直注西潦自雲南牂牁歷廣西匯合鬱梧諸水建瓴而下該圍正當西北兩江之衝稍遭決陷工鉅費繁甚爲兩縣之患嘉慶二十二年順德縣在籍侍郎溫汝适呈請督臣阮元奏明在藩道兩庫提撥銀八萬兩發交南海順德兩縣當商按月一分生息每年得息銀九千六百兩以五千兩歸還原撥帑本以四千六百兩交桑園圍歲修各基嘉慶二十四年給領二十三年分歲修

銀四千六百兩修葺圍基列冊報銷嗣因盧伍二商捐建石隄此後歲修銀兩暫停未領道光十三年漲決異常石隄歲久又多剝落是以先後共在司庫借給修費銀四萬九千八百八十四兩八錢八分三厘經前督臣盧坤奏請將動支本款息銀一萬六千二百六十九兩八錢八分三厘就款開銷又在本款息銀內遞年扣收歸還借款銀二萬三千兩尚欠銀一萬零六百一十五兩分限五年由該圍按糧攤徵清還借款道光二十四年二十八年咸豐三年前後三次均經奏請給發本款歲修銀各一萬兩蓋桑園圍向有專款遞年收存司庫以備給領自咸豐四年以後前督臣葉名琛將此項餘

本并歷年存司庫息銀提用計自嘉慶二十三年起至咸豐三年止共三十六年實得歲修息銀一十六萬五千六百兩除嘉慶二十四年領息銀四千六百兩及道光十三年至咸豐三年前後四次又共領息銀六萬九千二百六十九兩八錢八分三厘外應存歲修息銀九萬一千七百餘兩旣經提用此後桑園圍歲修銀兩無從撥給閒同治三年十二月間前督臣毛鴻賓現署撫臣郭嵩燾以桑園圍隄基險要糧命所關設法籌撥銀二萬二千七百五十八兩七錢八分解還司庫照舊發商生息以資支發查桑園圍歲修一項原係奏明在藩道兩庫提撥銀八萬兩發交南海順德兩縣當商按月

一分生息近年既將本息銀全數提用今撥還本銀二
萬二千餘兩在督撫臣關心民瘼將來自必本息全數
清還以復專款而臣竊計桑園圍爲廣肇兩府下游頂
衝險要之基受西北兩江之患最劇近日該圍下游各
水道又復壅塞碍難宣洩隄身低薄坍卸時虞其所以
沐
皇仁而歌樂土者誠賴有此歲修專款若使歲脩無措不獨
從前良法美意未久遂湮而萬姓嗸嗸兵燹之餘迭遭
水患於兩縣生民糧命關係匪輕仰懇
天恩敕下該省督撫將咸豐四年提用桑園圍原撥帑本暨
歷年存庫息銀一項查明已還未還各數目設法籌撥

全數歸欵照舊發商生息俾該圍歲修有賴以符向章
而卹糧命謹附片具
奏同治四年閏五月十八日奉
上諭據御史潘斯濂另片奏桑園圍爲粵東糧命最大之區
當西北兩江之衝稍遭決陷工鉅費繁向有生息銀兩以
爲歲修之費近年將本息銀兩全數提用從此歲修無措
水患難免於兩縣生民大有關係等語着瑞麟郭嵩燾將
咸豐四年提用桑園圍原撥帑本暨歷年存庫息銀一項
查明已還未還各數目設法歸欵照舊發商生息爲禦災
扞患之計原摺片單着抄給瑞麟郭嵩燾閱看將此諭知
瑞麟郭嵩燾知之欽此

同治八年正月二十七日

兩廣總督臣瑞
廣東巡撫臣李 跪

奏爲廣東南海順德二縣屬桑園圍基年久失修動撥歲修息銀修築完竣恭摺具

奏仰祈

聖鑒事竊照南海順德二縣屬桑園圍自咸豐三年動支歲修生息銀兩給發興修後迄今十餘年之久迭經風潦冲刷基堤半多傾圮每遇西北兩江水漲時有潰決之虞同治六年秋冬間迭據紳士呈報請撥給歲修銀兩俾資修築等情經臣瑞 與前降調撫臣蔣 飭司委員會縣查勘隨據委員委用知縣徐寶符會同南海順德二縣前往逐一履勘明確該圍基段傾卸低陷處所

係屬刻不可緩之工亟應赶緊修築加高培厚鞏實確估約需工費銀二萬四千餘兩體察民力實有未逮當在該圍歲修生息銀內動支銀二萬兩發給該圍紳士領回鳩工購料次第修築其不敷之銀議由圍內殷實業戶捐辦據報於同治六年十一月初十日興工七年十月初十日工竣覈實驗收委係一律完固並無低薄浮冒情弊由司核明詳請具

奏前來臣等伏查該圍籌備歲修生息一項係於嘉慶二十二年在藩糧二庫提銀八萬兩發交南海順德二縣當商生息每年繳息銀九千六百兩以五千兩還本以四千六百兩爲該圍歲修之用嗣因紳士伍元蘭等捐

銀十萬兩改築石隄無須按年修築當將歲修息銀四千六百兩歸入籌備堤岸項內備用其應歸本銀五千兩照依續准部咨入季報撥嗣於道光十三年桑園圍被水冲決先後在司庫借領銀四萬九千八百餘兩經

前督臣盧

奏明以一萬六千二百餘兩就司庫收存該圍歲修本款動用以二萬三千兩請俟歲修息銀繳到按年儘數扣收尚借動銀一萬六百餘兩分限五年攤徵歸款又該圍於道光二十四年被水二十八年被風咸豐三年被水先後坍卸基堤均經

奏准每次動用歲修息銀一萬兩給發該紳士具領修築

各在案自咸豐三年迄今又歷十有餘年該圍水石冲激基堤半多傾圮委員會縣勘明係屬刻不可緩之工并據查明工費較鉅民力實有未逮經臣瑞　與前降調撫臣蔣　援照道光咸豐年間成案飭司在於該圍歲修生息款内動撥銀二萬兩發交南海順德二縣分別轉發該圍紳士具領由縣督飭赶緊興修茲據具報大工一律告竣覈實驗收完固委無浮冒除動撥外尚不敷銀四千餘兩即由該圍殷實之戶捐足支用等情臣等覆查無異除飭將動撥銀兩赶緊造冊報銷外所有南海順德二縣屬桑園圍基年久失修動撥該圍歲修息銀修築緣由臣等謹合詞恭摺具

奏伏乞
皇太后
皇上聖鑒謹
奏同治八年五月初八日軍機大臣奉
旨該部知道欽此

工部謹

題爲題銷廣東省南海順德二縣修築桑園圍基工程需

用銀兩應准開銷事戶科抄出廣東巡撫李　題南海

順德二縣同治六年修築桑園圍基工程需用銀兩造

冊題銷一案同治八年四月廿八日題八月初三日奉

旨該部察核具奏欽此於八月十八日准戶部將科抄片送

過部嗣於九月初七日據該撫將冊籍揭送到部該　臣

等查得廣東巡撫李　疏稱南海順德二縣桑園圍基

自咸豐三年興修迄今十有餘年基堤半多傾圮迭據

紳士呈請撥給歲修息銀俾資修築經　臣瑞　與前調

任撫臣蔣益澧飭委會勘業經前藩司札委知縣徐寶

符會同馳往勘覆係屬刻不可緩之工亟應培補修築

惟工費較難體察民情實有未逮當在該圍歲修生息

項內動支銀二萬両發給該圍紳士領回按段修築其

不敷之銀議由圍內業戶捐辦在案茲據廣東布政使

王凱泰詳稱南海順德二縣飭據紳士明之綱等禀報

承修該圍基段實用工料銀二萬四千三十四両三錢

二厘除領銀二萬両外其餘銀両係由圍內殷實業戶

捐支等情由縣造具冊圖詳請具題臣覆核無異除冊

圖送部查核外謹會同兩廣總督臣瑞　恭疏具

題等因前來查廣東省南海順德二縣同治六年修築桑

園圍基工程先據兩廣總督瑞　等奏明南海順德二

縣桑園圍基自咸豐三年興修後迄今十有餘年基堤
半多傾圮請撥歲修息銀修築在案今據廣東巡撫李
等將前項修築圍基共用過工料銀二萬四千三十
四兩三錢二厘造冊題銷臣部查係奏明之工其冊開
工料價值與例相符應准開銷并行文戶部查照再此
案於同治八年九月初七日據該撫將冊籍揭送到部
月　日辦理具
題合併聲明臣等未敢擅便謹
題

桑園圍總志卷十四

藩憲移軍需總局文

代辦布政使司爲欽奉事案奉　兼署兩廣總督部堂
瑞　憲札同治四年六月初十日准　兵部火票遞到
軍機大臣字寄同治四年閏五月十八日奉
上諭據御史潘斯濂另片奏桑園圍爲粵東糧命最大之區
當西北兩江之衝稍遭決陷工鉅費繁向有生息銀兩以
爲歲修之費近年將本息銀兩全數提用從此歲修無措
水患難免於兩縣生民大有關係等語着瑞麟郭嵩燾將
咸豐四年提用桑園圍原撥帑本暨歷年存庫息銀一項
查明已還未還各數目設法歸欵照舊發商生息爲禦災
扞患之計原摺片單着抄給瑞麟郭嵩燾閱看將此諭知

瑞麟郭嵩燾知之欽此遵
旨寄信前來到本兼署部堂承准此查桑園圍發商生息銀
兩前因軍需緊急提用除先後撥還外已於同治三年
十二月內飭據軍需總局查明通共應還本銀五萬四
千一百二十五兩五錢當將帑本銀二萬二千七百五
十八兩七錢七分在於籌餉總局收存項內撥解藩庫
照舊發商生息以資支發所欠息銀議俟局用稍紓再
行陸續撥解清欵在案今欽奉前因札東軍需總局遵
照迅將提用桑園圍基發商生息銀兩一欵所欠息銀
刻日會商籌餉總局上緊設法籌撥解還司庫清欵毋
稍稽延外合就恭錄札知札司即便欽遵查照辦理毋

達又奉 署理廣東巡撫部院郭 牌行准 兼署兩
廣總督部堂咨前事各等因到司奉此合就備移爲此
合移
貴總局希爲查照迅將提用桑園圍基發商生息銀兩
一欵所欠息銀刻日會商 籌餉總局上緊設法籌撥
解還司庫淸欵幸勿再延施行

請撥帑歲修呈

具呈南海縣順德縣桑園圍在籍紳士選用員外郎舉人潘斯湖直隸候選同知進士明之綱浙江候選同知馮錫鏞刑部主事進士馮栻宗湖北卽用知縣進士蕭開榮內閣中書舉人潘斯湛候選同知李錦華內閣中書銜候選教諭舉人馮汝棠高要縣教諭舉人李徵霨廣甯縣訓導舉人潘以翎同知銜舉人陳文瑞舉人梁清闞仲暘劉文照岑鳳鳴黎璿馮錫綸劉逢辰闞兆熙鄧翔崔藻球譚維鏵崔友成崔佐李昌世崔祁潘仕釗潘桂森陳卓明陳敬中李艮弼蘇佩文梁明輝陳鑑泉何文卓潘文灃潘斯治潘漸逵

梁士衡賴孟瑜陳書張汝梅陳駿余澤涵熊次夔潘文佩陳國彥關景泰余得俊梁融郭乃心武舉關榮章候選訓導傅超常何培蓉崔贊元馮培光副貢陳伯翔優貢盧維球歲貢莫夔理潘如洋附貢關俊英李海李徵雯生員潘繼李關瑞溶何亮熙陳邦佐李仕超梁启康麥鴻潘樹庭潘應鐘梁儆如張曰仁張曰恕陳贊明李應剛蘇應銓李榮棣余廷霖李用詒梁恩霖梁承照何如銓潘贊勳潘壽昌潘譽徵黎芳黎鏘緒梁靄芳潘燦光譚杞梁鋈馮濟昌黃兆新吳兆光戴巽程啓瑞職員胡浩中

呈爲堤基專欵虛懸歲修久歇聯請　憲恩查案俯准

本息撥還並給修費以扞水災以拯糧命事竊紳等桑園圍界連南順二縣中分東西兩基戶口數十萬丁稅賦二千餘頃受西北兩江頂衝之患爲粤省糧命最大之區每遇夏潦暴發一有缺陷不但本圍猝成巨浸而水道驟難宣洩隣圍兼受其累爲害不可勝言嘉慶二十二年前督憲阮　奏明在藩道兩庫借帑八萬兩發交南海順德兩縣當商按月一分生息每年得息銀九千六百兩以五千兩歸還帑本以四千六百兩爲桑園圍遞年修築專欵嘉慶二十四年給領本欵息銀四千六百兩是爲歲修之始列冊報銷在案嗣因盧伍二商捐建石隄奏將歲修銀暫行停止仍舊生息繳存司庫

無如水石冲激不數年間迭遭潰決迨道光十三年給
發歲修本欵息銀四萬九千八百八十四兩八錢八分
三厘二十四年復發息銀一萬兩二十九年又發息銀
一萬兩咸豐三年又發息銀一萬兩歷經修築完固當
咸豐四年基工報竣之日正萑苻告警之時以後頻年
團練救災不遑且此項當商承領帑本并歷年存庫息
銀又以軍餉全行提用無由給領迨同治三年奉撥還
本銀二萬七千七百餘兩發商生息四年復經御史潘
斯濂奏奉
諭旨着將提用原撥帑本暨歷年存庫息銀查明已還未還
設法歸欵現計還欵外尚欠撥回原帑本銀五萬七千

餘兩又計提用前積存息銀除歷次給領外尚餘九萬一千七百餘兩均未蒙撥還紳等竊思桑園圍戶口最繁糧務尤大以一萬四千餘丈之基東補西缺歲或不修即多傾圮況自咸豐三年領欵興修後迄今十有五年泥頹石卸不可枚舉上年西圍鵞埠石及禾义基一帶東圍林村一帶裂陷立即搶救幸未崩決現在闔圍集議均以本年水勢尚微已同纍卵萬一來年潦發勢必不支欲爲未雨綢繆似此鉅工不得已將各處患基粘單匍叩崇轅伏乞查案將未還帑本銀五萬七千二百四十一兩二錢三分迅賜全還照舊發商生息惟歷年繳存司庫息銀九萬一千七百餘兩現當司庫支絀

之時未敢望邀儘數賜還伏求　憲恩在於繳存司庫
息銀項下先撥銀二萬兩給紳等於本年冬晴水涸速
興要工其餘照舊存庫備撥則患基無虞歲修有賴感
荷全恩實無涯涘矣頂祝切赴
同治六年七月二十七日呈

報興工日期請撥足二萬兩呈

其呈桑園圍在籍紳士選用員外郎舉人潘斯湖等

呈爲報明堤基興修日期瀆請　憲恩續撥息欵以濟要工事竊紳等七月間聯請援案給還桑園圍歲修本息先在息銀項下發銀二萬兩俟冬晴水涸速興要工隨奉給發息銀一萬兩領回會同主簿巡司按照圖冊切實勘估當患基百出望澤孔殷鉅欵仰承僉謂　憲恩已極優渥實心實政浹髓淪肌闔圍同深感戴當即起科二成諏吉本月初十日興力均修但以一萬四千餘丈之基經十五年歲修欠歇前呈粘圖列冊頗費施工欲專修首要則外此患處尚多欲兼顧餘基則險區

工程不足且自兵燹以來民疲財竭本年晚禾大半失
收科派過多民力不逮迫得再行聯懇續發息銀一萬
兩俾得永臻完固明知發棠之請過瀆慈懷而工鉅費
繁不得不乞恩俯准爲此切赴
同治六年十一月二十二日呈
署南海縣憲陳　批
昨據該紳等呈奉　撫憲批行堤基工程緊要卽由
南順二縣先行籌銀給發等由稟請　藩憲先提各
典商未繳歲修息銀並由縣籌項分別給領該紳等
應卽聽候提發一面赴順德縣呈請籌發可也

陳邑侯覆王方伯禀

敬禀者現奉　憲臺札開同治六年十一月二十七日奉　廣東巡撫部院蔣　批據南順二縣桑園圍在籍紳士選用員外郎舉人潘斯湖等呈稱云云而工鉅費繁乞恩俯准爲此切赴等情奉批堤基工程緊要自應趁此冬晴水涸迅速興修惟目前司庫支應浩繁息銀驟難再發查應修堤岸南海地面較寬順德次之應卽由南海縣先行籌銀六千兩順德縣先行籌銀四千兩發交該紳等具領覈實支用俟來年春間司庫稍裕再行撥還歸欵仰布政司迅卽轉飭南海順德二縣遵照籌發具報毋稍稽延切切等因奉此除札順德縣遵照

外合就札飭札縣立卽遵照先行籌銀六千兩發交該
紳等具領覈實支用俟來年春間司庫稍裕再行請領
歸欵併將籌發銀兩日期通報察核事關要工萬勿誤
延干咎切切等因奉此伏查修理桑園圍堤基一案工
程甚鉅前蒙　憲臺札發銀一萬兩下縣當經轉給該
紳士潘斯湖等領回興工在案茲奉　飭令卑縣籌銀
六千兩自當卽行遵照籌發惟卑縣各當商承領桑園
圍歲修經費生息一欵計自同治五年七月初一日起
至本年三月十八奉提本銀之日止尚未繳息銀一千
一百七十餘兩又自本年七月十三日奉發回本銀起
至十二月底止尚未繳銀七百六十餘兩二共銀一千

九百三十九兩零應請卽由卑縣諭飭各當商將本欵
息銀照數備繳先行給發一面再由卑職籌欵連息銀
共發足六千兩之數以應要工緣奉前因理合具禀
憲臺察核伏乞　批示飭遵實爲公便肅此具禀

報竣工日期呈

具呈桑園圍紳士在籍直隸候選同知進士明之綱等呈爲基工告竣據實呈明事切紳等桑園圍基自咸豐三年發項興修後迄今十有餘載上年因基身泥頹石卸請發歲修息銀將各處患基修築完好等情呈奉兩院憲批行先後奉發歲修息銀二萬兩蒙公祖大人飭紳等領回分派通圍興修各基主業戶仍按派銀數科捐二成銀兩以助修費計自上年十一月初十日稟報興工圍內居民踴躍從事至本年十月初十日各段土石工程均經一律完竣從此全堤鞏固永慶安瀾除另造工料細册稟繳核明詳請

題銷外合將修築桑園圍基竣工日期禀報察核再前
請領歲修息銀紳士潘斯湖業於本年八月内身故未
便列銜合併聲明切赴
同治七年十月十一日呈

繳工料細冊呈

具呈桑園圍紳士在籍直隸候選同知進士明之綱等呈爲造繳修築桑園圍基用過工料銀兩細冊事切紳等上年因桑園圍基身泥石傾頽呈奉　兩院憲先後撥本欵息銀二萬兩轉給　紳等領回興修業於本年十月初十日呈報工竣茲前項工程統計用工料銀二萬四千零三十四兩三錢零二厘除領銀二萬兩外餘銀在於圍內各段業戶按畝派捐凑足圍內居民均以基堤係自護田廬認眞培築並無浮冒以期鞏固合將用過工料銀兩備列細冊八本呈繳察核俯賜飭承聲列各冊首尾銜名懇請用印詳繳　各憲并請

題銷備案實爲公便切赴

同治七年十月二十九日呈

繳結圖呈

具呈南順二縣桑園圍紳士在籍直隸候選同知進士

明之綱等

呈爲遵諭具結繪圖繳候核轉事切紳等桑園圍基自

咸豐三年發項修葺後迄今十有餘載前年因基身泥

頽石卸請發歲修息銀將各處所應修患基修築完好

以資扞衛先後呈奉　列憲撥給歲修息銀二萬兩飭

發紳等領回按段分給與修統計共用工料銀二萬四

千零三十四兩三錢零二厘除領銀二萬兩外餘銀在

於圍内各段業戶二成科修業經開列細數造冊呈繳

在案茲奉諭飭具結繪圖呈候彙繳等因祇得出具切

結繪圖註說呈送臺階伏乞早賜轉繳核銷實爲公便

切赴

同治八年正月二十二日呈

請示禁築沙壩呈

具呈南順二邑桑園圍紳士在籍直隸候選同知進士

明之綱等

呈爲沙壩傷圍聯懇賞示勒石禁築以保圍基而垂永
久事竊紳等桑園一圍當西北兩江之衝歷蒙前督撫
憲發帑加高培護沙消則水濶而流通沙長則水窄而
流淤倘射利之徒復築壩攔海使水不衝沙而衝圍卽
間歲一修亦潰決可懼實慮徒費帑項辜負憲恩是
欲藉圍以防潦宜杜築壩以疏通雖節蒙前督撫憲示
禁築壩并派委督拆紳等仍恐日久玩生沙梘希圖子
母相生但知築壩有利不顧圍基受傷變海爲田貽害

無底今因去年援照成案請領歲修邀恩撥給庫銀二萬両一律興修完竣經具呈列冊報銷各在案趁此基工告成理合聯懇　仁憲賞示嚴禁桑園圍外一帶海心沙永遠無得築壩射水傷害基圍立案勒石永遠遵守庶歲修有濟共慶安瀾長沐鴻慈於靡既矣切赴

同治七年十二月十六日呈

禁攔海築壩示

試用道署廣州府正堂加十級紀錄十次沈　爲嚴禁攔海築壩以保基圍事案據南順二邑桑園圍紳士候選同知明之綱等遣抱陳正赴轅呈稱切紳等桑園圍當西北兩江之衝云云立案勒石永遠遵守庶歲修有濟共慶安瀾等情當批據呈桑園圍工程甫經修竣誠恐射利之徒覬覦海心積沙攔海築壩潰決堪虞聯請示禁係爲保護基圍起見事屬可行候卽出示嚴禁以垂久遠保領附在詞除批揭示及行南順二縣知照外合行出示勒石曉諭爲此示諭沿圍附近鄉村人等知悉爾等須知桑園圍關係南順二邑田園廬墓此

次領帑修築工程浩大始臻鞏固自宜隨時保護以期
永慶安瀾倘有射利之徒覬覦海心積沙攔海築壩阻
其宣洩一經指控定即委員督折從嚴究辦决不姑寬
各宜凜遵毋違特示
同治八年正月二十七日示
此示一泐石在河神廟　一泐石在九江儒林書院

禁攔海築壩示

欽加運同銜廣州糧捕分府署南海縣正堂陳　爲
示禁築壩傷基事現據桑園圍紳士明之綱等呈稱竊
紳等桑園一圍當西北兩江之衝云云立案勒石永遠
遵守等情據此除批揭示外合行給示勒石禁築爲此
示諭諸色人等知悉爾等嗣後永遠無得在於桑園圍
外一帶海心等處築壩射水傷害圍基倘敢故違一經
訪聞或被指控定必飭差嚴拿究辦決不寬貸各宜凜
遵毋違特示

同治七年十二月十八日示

此示泐石在河神廟

續請發帑專注首險呈

具呈廣州府南海縣順德縣在籍紳士直隸候選同知進士明之綱廣甯縣教諭舉人潘以翎員外郎銜吏部主事進士郭乃心刑部主事進士馮栻宗戶部員外郎進士馮錫綸兵部郎中舉人明纘道湖北即用知縣進士蕭開榮高要縣教諭舉人李徵霨同知銜舉人陳文瑞舉人梁清何文卓陳序球關仲暘劉文照岑鳳鳴黎璿劉逢辰關兆熙鄧翔崔藻球譚維鐸崔友成崔郁李艮弼蘇佩文梁明輝陳鑑泉潘斯治潘漸逵梁士衡賴孟瑜張汝梅陳駿譚子恭熊炎夔潘文佩陳國彥關景泰梁侃何汝蘭何如錯余得俊

梁融潘桂森陳敬中候選同知潘斯瀾武舉關榮章
余宗光候選訓導傅超常馮培光副貢陳伯翔優貢
盧維球歲貢莫夔理梁介如潘繼李增貢何亮熙附
貢關俊英李海李徵雯廩生關瑞溶何如銓麥鴻會
樹槐朱配麒生員陳邦佐李仕超梁啟康潘樹庭梁
儆如張曰仁張曰恕李應剛陳序璿蘇應銓李榮棣
余廷霖李用詒梁恩霖梁承照潘贊勳潘壽昌潘譽
徵潘斯澈黎芳黎鏘緒梁靄芳潘燦光譚杞馮濟昌
黃兆新梁漋吳兆光戴異程啟瑞關韶會師孔李炳
煌崔光宇李文治崔培銑梁紹熙黃會貫陳邦士岑
筠垣余贊年

呈爲險基欠石懇恩再給帑息續修俾全圍一律鞏固以保糧命事竊紳等桑園圍界連南順二縣中分東西兩基戶口數十萬丁稅賦二千餘頃受西北兩江頂衝爲粵省糧命最大之區同治六年當經闔圍紳士開列應修基段稟蒙 各憲撥給本圍歲修息銀二萬兩舉人潘斯湖等領回分極險次險先行修築惟是以二萬之資派修一萬四千餘丈歷十五年未修之患基泥工石工雖分修築補惟頂衝首險仍欠石護基腳查基段最險而欠石工者以海舟鎮涌兩堡爲最海舟堡十二戶舊廟基前海後湖深至十餘丈頂衝壁立應再多加大石外護基腳至內基腳應用泥填湖培厚基身共計

三百餘丈其鎮涌堡禾义基泥龍角等處爲通圍首險
橫支一角直撑海中從前所築護基石多已衝去共計
亦有二百餘丈以上兩處去年雖多撥銀兩施石工泥
工但基段內外深險因兼顧各處患基未能專注石工
春初　委員彭履勘會飭令具摺粘圖聲明兩段首險
基工應再落石施泥稟明　各憲設法加石加泥庶前
功不至盡棄但統計鉅工約需銀一萬兩方足蕆事不
得已將海舟鎮涌兩堡首險基段實情籲請　臺階伏
乞援案再給歲修息銀一萬兩給紳等於本年冬晴水
涸速興要工不至因兩處險基貽累通圍從此一律鞏
固永㦤　全恩於不朽矣頂祝切赴

同治八年九月十五日呈

桑園圍歲修志　卷十四

委勘估險基札

布政使司王　爲飭遵事同治八年十月十五日奉
兩廣總督部堂瑞　批據該縣具稟請再撥給桑園圍
歲修息銀培築鎮涌海舟兩堡險基緣由奉批此案昨
據紳士明之綱等赴轅具呈當經批司查案核明委員
會同南順二縣勘估詳覆一面籌撥修費分別飭遵辦
理在案據稟前由仰東布政司查照明之綱等呈批事
理迅卽委員會縣確切勘估一面籌撥修費分別飭遵
具報并飭該署縣知照仍候　撫部院批示繳又奉
巡撫廣東部院李　批同前事奉批前據紳士明之綱
等赴轅具呈業經批司委員會縣勘估詳辦在案仰布

政司查照前批迅即委員會同南順二縣勘明確估議
詳籌給與辦毋稍稽延仍候
督部堂批示繳各等因
奉此並據該縣具禀到司先經批飭遵照并札委勘禀
在案奉批前因合再札飭札到兩縣立即遵照會同委
員候補知縣周炳壽刻日董率諸紳馳往桑園圍將應
修各基段應需工料逐一履勘明確核實估計修費列
冊妥議禀覆以憑籌撥修費詳請
院憲
奏明辦理毋再違延切切此札
同治八年十月二十一日札

申請藩憲給費文

南海縣陳　爲申請給發銀兩興修事案據桑園圍紳士明之綱等具呈桑園圍基上年奉給歲修息銀二萬兩經將圍內各基段一律修葺惟地方遼濶尚有海舟鎭涌兩堡之舊廟基等處前海後湖深至十餘丈頂衝壁立爲通圍首險去年雖多撥銀兩但基段內外深險因兼顧各處患基未能專注石工請再撥給息銀一萬兩壘石培護俾得通圍一律鞏固等情經卑職據情通

禀隨奉

憲臺轉奉

院憲批據該紳等呈同前情奉批札委候補知縣周炳

憲下縣會同 卑職 於十月二十日已將應修各基段勘明除核實估計修費列冊議覆籌撥外茲據紳士明之綱等以現當冬晴水涸亟應及早興修禀懇轉請發給銀兩赶緊購石修築等情前來 卑職 查係實在情形委屬急不可緩之工理合據情申請

憲臺察核俯賜籌給息銀一萬兩下縣俾得轉給該紳等興修實爲公便爲此備由伏乞

照驗施行

同治八年十月二十七日

禁抗阻取土滋事示

正堂陳　爲給示諭禁事現據桑園圍紳士明之綱等稟稱紳等呈請再行撥給桑園圍歲修息銀一萬兩壘石培築海舟鎮涌兩堡舊廟等處險基經稟蒙據情稟奉　各憲允給并蒙由各糧局先行提繳銀錢給支應現已設局興修懇乞查照歷次修築成例准就近在於附近田坦挑取泥土培築誠恐有豪强抗阻及工匠人等打架酗酒賭博滋事叩乞給示分别禁止等情據此合行照案出示曉諭嚴禁爲此示諭桑園圍内海舟鎮涌等堡紳民人等知悉爾等須知培築基圍所以衛護田廬凡有修基取土除墳塋房屋外任從就近挖掘毋

得匿刁措阻其工匠人等亦毋得聚衆賭博打架酗酒

滋事倘敢抗違許該紳等禀赴

本縣立卽拘案究懲决不寬貸各宜凛遵毋違特示

同治八年十一月初五日示

報興築險基日期呈

具呈桑園圍紳士明之綱等

呈為興工修築叩乞據情轉報事切紳等桑園圍前於

同治六年間禀蒙詳給歲修息銀二萬兩經將通圍修

復列冊報銷惟地方遼濶尚有海舟鎮涌兩堡之十二

戶舊廟等基段為通圍頂衝首險必須落石施泥外護

基脚內塡深湖經紳等瀝陳

各憲蒙准再撥歲修息銀一萬兩給領興修在案茲紳

等購石顧工擇於本年十一月十三日興工修築理合

將興工日期呈叩　臺階乞賜據情轉報切赴

同治八年十一月十五日呈

桑園圍歲修志　卷十四

險工告竣呈

具呈南順二縣在籍紳士明之綱等

呈爲撥帑修基險工告竣據實呈明事切紳等南順兩縣桑園圍自同治六年先後領歲修息銀二萬兩另加二起科銀四千兩共銀二萬四千兩通修闔圍基段同治七年十月告竣當經報明在案惟海舟鎮涌外海內湖基身壁立壘石坍卸雖多派領銀落石仍未堅穩經彭委員勘明以海舟鎮涌項衝險基當再加石塡泥應續撥銀添修等情囘明

大憲嗣於去冬紳等呈請再撥銀一萬兩加修海舟鎮涌險基石工泥工專注首險承周委員履勘屬實核計

共給歲修息銀一萬両蒙　憲恩飭紳等領回興修另按圍例加二成起科實共領得歲修息銀一萬両併二成起科銀二千両共銀一萬二千両於去年十一月十三日設局在海舟鎮涌興工督修會報明亦在案幸圍內居民踴躍從事至本年四月十二日海舟鎮涌土石工程均經一律完竣從此險基鞏固永慶安瀾除另造工料細冊稟繳核明詳請

題銷外合將修築海舟鎮涌頂衝險基段竣工日期稟報

察核切赴

同治九年四月十三日呈

繳工料細冊圖結呈

具稟桑園圍紳士在籍直隸候選同知進士明之綱等稟爲遵繳細冊圖結乞恩核轉事切紳等於同治八年九月內呈奉各憲給發該圍本款歲修息銀一萬兩頒囘培築該圍海舟鎮涌兩堡首險基段當將興竣各日期稟報茲奉藩憲札委卸南澳軍民府張會同仁台查勘修竣兩堡基段俱一律鞏固並無草率偷減情弊并奉諭飭將用過工料銀兩造具細冊繪圖貼說出具保結各一樣九本套呈繳等因遵卽備造支銷細數靑皮正副冊五本白皮四本并圖結各一樣九套呈請核轉實爲德便爲此切赴

同治九年六月十五日

申　藩憲繳工料細冊圖結文

同知銜署廣州府南海縣事賡　爲申繳事案據桑園圍紳士明之綱等呈稱桑園圍基前於同治六年蒙給歲修息銀二萬兩將通圍修復惟地方遼闊尚有海舟鎮涌兩堡基段爲通圍頂衝首險必須落石施泥填湖方臻鞏固等情先後呈奉

院憲批行

憲台籌撥銀一萬兩給發該圍紳士明之綱等領回於同治八年十一月十三日興工至九年四月十二日一律工竣各日期先後通報在案隨奉

憲台札委卸南澳同知張曰銜會同卑職前往桑園圍

將修竣海舟鎮涌各堡基段逐一確勘是否一律鞏固
有無草率偷減情弊出具切結先行稟覆核辦並催合
各紳士造具用過工料銀兩細數正副各冊繪圖貼說
出具保固切結各一樣八本套詳繳等因除將會同勘
明緣由出具切結稟繳外嗣奉
憲台札開查此項會勘印結向係彙同工料冊圖一起
詳請
題銷先經飭令繕具八張繳送茲據祇繳一張前來係屬
不敷分送合亟札飭札縣立卽查照現繳銜名結式刻
日補繕七張并造具工料冊圖各八本申繳以憑核明
詳銷毋得稍遲等因奉此茲據該圍紳士明之綱等稟

稱奉發歲修息銀一萬兩領回培築海舟鎮涌兩堡基段一律鞏固共用過工料銀一萬二千零三十三兩七錢九分六釐九毫除領銀一萬兩外餘銀在於圍內各業戶按畝科捐理合備造工料細册繪圖註說出具保固切結繳候核轉等情到縣據此卑職覆查無異除另繕會勘印結彙同工料册圖結具文申繳

憲台核轉爲此備由同會勘印結七張青皮正副印册五本白皮印册三本圖結各七張具申伏乞

照驗施行須至申者

同治九年六月　　日

桑園圍歲修志　卷十四

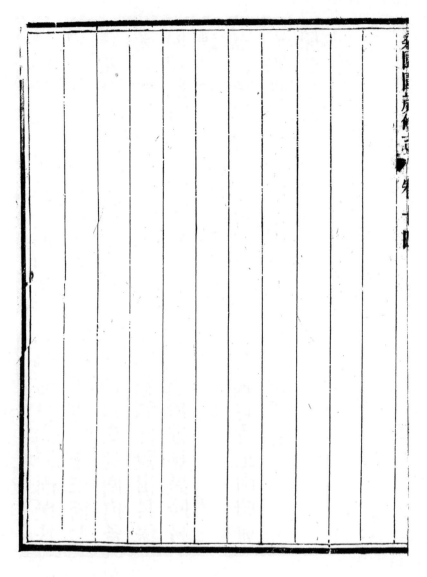